国家“双高计划”特色教材

应用化学实训

主　编　杜重麟　张怀辉
副主编　宋　煜　李芬锐　徐　轲
陶灵娟　杨　瑶

哈尔滨工程大学出版社
Harbin Engineering University Press

内容简介

本书共设置9个学习情境，具体内容包括化学实验室基本知识，常用玻璃器皿的洗涤、干燥和使用操作，电子分析天平及其使用方法，溶液及其配制，常用化学分析方法(酸碱滴定法、配位滴定法、氧化还原滴定法、沉淀滴定法、重量分析法)及具有代表性的13个实验。本书具有较强的针对性和实用性，旨在帮助学生在较短的时间内，掌握化学实验室基本知识和基本实验技能，以适应化学分析岗位能力的需要，并为后续专业课的学习奠定良好的基础。

本书可作为高等职业院校冶金、化工、材料、环保、农学、药学、生物、食品等相关专业的化学实训教材，也可作为相关化学分析检测专业人员在职培训教材和参考书。

图书在版编目(CIP)数据

应用化学实训/杜重麟，张怀辉主编．—哈尔滨：哈尔滨工程大学出版社，2023.12

ISBN 978-7-5661-4215-3

Ⅰ．①应… Ⅱ．①杜… ②张… Ⅲ．①应用化学-高等职业教育-教材 Ⅳ．①O69

中国国家版本馆CIP数据核字(2024)第014243号

应用化学实训

YINGYONG HUAXUE SHIXUN

选题策划 田　婧
责任编辑 马佳佳
封面设计 李海波

出版发行 哈尔滨工程大学出版社
社　　址 哈尔滨市南岗区南通大街145号
邮政编码 150001
发行电话 0451-82519328
传　　真 0451-82519699
经　　销 新华书店
印　　刷 哈尔滨午阳印刷有限公司
开　　本 787 mm×1 092 mm　1/16
印　　张 12.5
字　　数 294千字
版　　次 2023年12月第1版
印　　次 2023年12月第1次印刷
书　　号 978-7-5661-4215-3
定　　价 49.80元

http://www.hrbeupress.com
E-mail:heupress@hrbeu.edu.cn

前　言

《应用化学实验(第二版)》于2011年8月出版,至今已12年。其间得到了广大读者的认可,同时使用本书的院校和读者也反馈了具有建设性的意见与建议。在此基础上,按照2019年国务院印发的《国家职业教育改革实施方案》,结合专业人才培养目标,编者对《应用化学实验(第二版)》进行了修订。

本次修订内容主要包括以下三个方面。

1. 进一步优化了教材结构和内容。本书共设置9个学习情境,具体内容包含化学实验室基本知识,常用玻璃器皿的洗涤、干燥和使用操作,电子分析天平及其使用方法,溶液及其配制,常用化学分析方法(酸碱滴定法、配位滴定法、氧化还原滴定法、沉淀滴定法、重量分析法)及具有代表性的13个实验。本书具有较强的针对性和实用性,旨在帮助学生在较短的时间内,掌握化学实验基本知识和基本实验技能,以适应化学分析岗位能力的需要,并为后续专业课的学习奠定良好的基础。

2. 作为活页式教材,充分利用活页的特点和动画、视频等多媒体教学资源,丰富教学内容和呈现形式,帮助学生理解相关知识,学习相关实验操作,提升学习兴趣。

3. 教材名称变更为《应用化学实训》。

本书可作为高等职业院校冶金、化工、材料、环保、农学、药学、生物、食品等相关专业的化学实训教材,建议与应用化学理论教材配合使用。

本书由昆明冶金高等专科学校和云南农业职业技术学院联合修订出版。由昆明冶金高等专科学校杜重麟和云南农业职业技术学院张怀辉担任主编,昆明冶金高等专科学校宋煜、李芬锐、陶灵娟、杨瑶和云南农业职业技术学院徐轲担任副主编,各自承担的修订任务如下:杜重麟负责学习情境1及附录,宋煜负责学习情境3、7,李芬锐负责学习情境4、6,陶灵娟负责学习情境8、9,杨瑶负责学习情境2、5,张怀辉、徐轲负责实验操作及视频拍摄。全书由杜重麟、张怀辉统稿。

本书在实验操作及视频拍摄、制作过程中得到了云南农业职业技术学院刘文婷、钱龙艳两位同志的大力支持,在此表示衷心的感谢!扫描下方二维码下载并安装 launcher_new_kmyj1013. apk,即可扫描并学习书中所提供的视频及动画资源。

由于学科知识发展迅速,限于我们的水平和对新教材、新教学模式的认识不足,教材和动画、视频中疏漏和欠妥之处在所难免,欢迎广大读者提出批评和建议,我们将不胜感激。

编　者

2023年9月

目　录

学习情境 1　化学实验室基本知识

1.1　化学试剂

1.1.1　化学试剂的分类和规格

化学试剂是符合一定质量标准的纯度较高的化学物质，是用于教学、科研和生产检验的重要化学药品。实验室经常要用到化学试剂。化学试剂大致可分为普通试剂、标准试剂、高纯试剂和专用试剂四类。

1.1.1.1　普通试剂

普通试剂是实验室的通用试剂，国家和主管部门颁布质量指标主要有四个级别，其规格和适用范围见表 1-1。

表 1-1　化学试剂的级别和主要用途

试剂级别	中文名称	英文标志	标签颜色	主要用途
一级品	优级纯	GR	绿	精密分析及科学研究工作
二级品	分析纯	AR	红	一般分析检验、科学研究工作
三级品	化学纯	CP	蓝	一般化学实验
四级品	实验试剂	LR	黄	工业或化学制备

1.1.1.2　标准试剂

标准试剂是用于校准、测量、评价和确定其他物质的化学和物理特性量值的标准物质。其特点是主体成分含量高而且准确可靠。滴定分析用标准试剂习惯上称为基准试剂，分为 C 级（第一基准）与 D 级（工作基准）两个级别。主体成分的质量分数：C 级为 99.98%～100.02%，D 级为 99.95%～100.05%。D 级基准试剂是滴定分析中的计量标准物质，见表 1-2。

表 1-2 D 级基准试剂

名称	国家标准代号	使用前的干燥方法	主要用途
无水碳酸钠	《工作基准试剂 无水碳酸钠》(GB 1255—2007)	270~300 ℃灼烧至恒重	标定 HCl、H_2SO_4 溶液
邻苯二甲酸氢钾	《工作基准试剂 邻苯二甲酸氢钾》(GB 1257—2007)	105~110 ℃干燥至恒重	标定 NaOH、$HClO_4$ 溶液
氧化锌	《工作基准试剂 氧化锌》(GB 1260—2008)	800 ℃灼烧至恒重	标定 EDTA 溶液
碳酸钙	《工作基准试剂 碳酸钙》(GB 12596—2008)	(110±2)℃干燥至恒重	标定 EDTA 溶液
乙二胺四乙酸二钠	《工作基准试剂乙二胺四乙酸二钠》(GB 12593—2007)	硝酸镁饱和溶液恒湿器中放置 7 d	标定金属离子溶液
氯化钠	《工作基准试剂 氯化钠》(GB 1253—2007)	500~600 ℃灼烧至恒重	标定 $AgNO_3$ 溶液
硝酸银	《工作基准试剂 硝酸银》(GB 12595—2008)	硫酸干燥器干燥至恒重	标定卤化物及硫氰酸盐溶液
草酸钠	《工作基准试剂 草酸钠》(GB 1254—2007)	105~110 ℃干燥至恒重	标定 $KMnO_4$ 溶液
三氧化二砷	《工作基准试剂 三氧化二砷》(GB 1256—2008)	硫酸干燥器干燥至恒重	标定 I_2 溶液
碘酸钾	《工作基准试剂 碘酸钾》(GB 1258—2008)	(180±2) ℃干燥至恒重	标定 $Na_2S_2O_3$ 溶液
重铬酸钾	《工作基准试剂 重铬酸钾》(GB 1259—2007)	(120±2) ℃干燥至恒重	标定 $Na_2S_2O_3$、$FeSO_4$ 溶液
溴酸钾	《工作基准试剂 溴酸钾》(GB 12594—2008)	(180±2) ℃干燥至恒重	标定 $Na_2S_2O_3$ 溶液
苯甲酸	《工作基准试剂 苯甲酸》(GB 1259—2008)	五氧化二磷干燥器干燥至恒重	标定甲醇钠溶液

1.1.1.3 高纯试剂

高纯试剂主体成分含量通常与优级纯试剂相当,但杂质含量很低,而且规定的杂质检测项目比优级纯或基准试剂多 1~2 倍,通常杂质含量控制在 10^{-9}~10^{-6} 级的范围内。高纯试剂主要用于微量分析中试样的分解及试液的制备。其产品的标签上常常标为“特优”“超优”或“特纯”“超纯”标志,选用时应注意标识中所示的杂质含量是否在实验要求范围内。

1.1.1.4　专用试剂

专用试剂是指具有专门用途的试剂。该试剂主体成分含量高，杂质含量很低，与高纯试剂的区别为：在特定的用途中，干扰杂质成分只需控制在不致产生明显干扰的限度以下。例如，色谱纯试剂是在最高灵敏度下以 1.0×10^{-10} g 下无杂质峰来表示的专用试剂；光谱纯试剂是以光谱分析时出现干扰谱线的数目及强度低于某一限度来衡量的专用试剂。

专用试剂种类多，如紫外及红外光谱纯试剂、色谱分析标准试剂、薄层分析标准试剂及气相色谱担体与固定液等。

1.1.2　化学试剂的取用和存放

1.1.2.1　化学试剂的取用

取用试剂应先核对标签上的说明，看其与欲取试剂是否一致。打开的瓶塞、瓶盖应反放在桌面上，以免受到污染。不得用手直接接触化学试剂。取用量要合适，做到既节约药品又能得到良好的实验结果。取完试剂后务必盖好瓶塞、瓶盖，将试剂瓶放回原处，标签朝外。

1. 固体试剂的取用

(1)取固体试剂要用洁净干燥的药匙，专匙专用，用过的药匙必须洗净擦干后才能用于取其他试剂。

(2)取用固体试剂时，应将试剂放在称量纸上称量。若固体试剂有腐蚀性或易潮解，应放在表面皿上或玻璃容器内称量。

(3)将固体试剂加入试管特别是湿试管中时，应用药匙或干净光滑的纸对折成的纸槽，伸进试管约 2/3 处加入。

(4)固体颗粒较大需要粉碎时，应放入干燥洁净的研钵中研磨，放入量不得超过钵容量的 1/3。

(5)有毒试剂需在教师指导下取用。

2. 液体试剂的取用

(1)用滴管或从滴瓶中取用液体试剂时，不得将试液一直吸到滴管胶帽中，不可将已加过试液的滴管倒置或管口向上倾斜放置，避免试液被胶帽污染。

有些实验试剂用量加入不必十分准确，可以估计液体取用量，一般的滴管每滴约 0.05 mL，滴加 20~25 滴约为 1 mL。

(2)采用倾注法从细口试剂瓶中取用试剂时，将塞子取下反放在桌面上或用食指与中指夹住，手心握持贴有标签的一面，逐渐倾斜瓶子让试剂沿着洁净的试管内壁流下[图 1-1(a)]，或者沿着洁净的玻璃棒注入盛放容器中[图 1-1(b)]。倾入所需量后，应将试剂瓶在容器口边或玻璃棒上靠一下，再逐渐竖起瓶子，以免遗留在瓶口的液滴流到瓶子的外壁。悬空倒出试液或将瓶塞下部碰到桌面都是错误的操作，如图 1-2 所示。

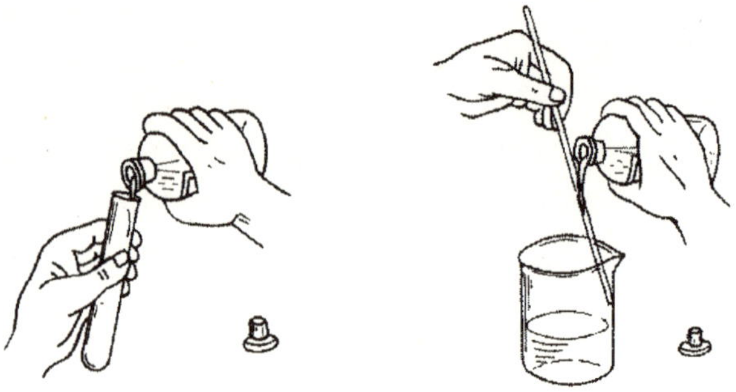

(a)　　　　(b)

图 1-1　倾注法取用试剂

(3)用量筒或量杯定量取用试液时，对于透明液体，读取体积的刻度应与液体凹液面最低点水平相切，如图 1-3 所示；对于有色不透明液体则要与凹液面上部水平相切。

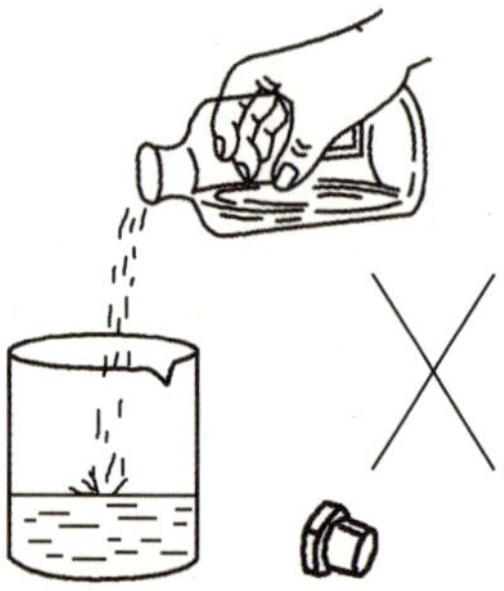

图 1-2　错误操作：悬空倒液，瓶塞污染

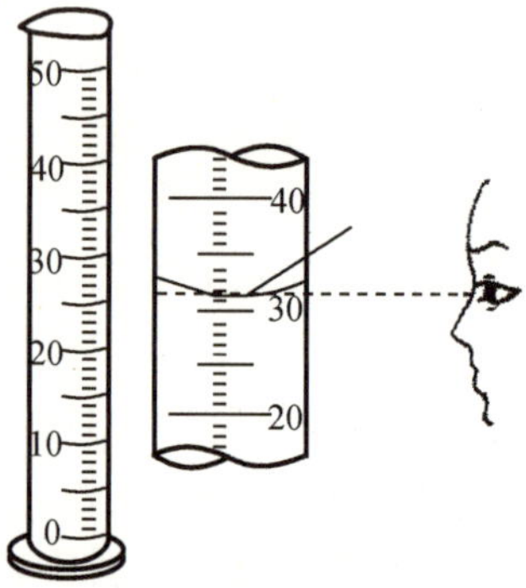

图 1-3　量取试剂（透明液体）体积的读数

1.1.2.2　**化学试剂的存放**

试剂的盛放原则是，固体试剂放在广口瓶中，液体试剂和配制好的溶液盛放在细口试剂瓶或带有滴管的滴瓶中。见光易分解的试剂如硝酸银、高锰酸钾等盛放在棕色试剂瓶中。每个试剂瓶上都必须保持标签完好，注明试剂名称、规格、浓度和制备日期等。

化学试剂在保存和使用中应注意以下几点。

(1)所有试剂、溶液以及样品的包装瓶（袋）上必须贴有标签。标签要完整、清晰。不要在容器内装入与标签不相符的试剂、溶液。

(2)试剂应分类存放，以便于取用。例如，无机试剂可分作酸类、碱类、盐类及氧化物等。盐类可按阳离子分类，如钠盐、钾盐、铵盐、钙盐等。有机试剂可按官能团分类，如烃类、醇类、醛类等。指示剂可按用途分类，如酸碱指示剂、氧化还原指示剂、金属指示剂等。专用有机试剂可按测定对象分类。

(3)配制的溶液应移入有塞的细口瓶中，需要滴加使用的溶液可装入滴瓶中，见光易分解变质的溶液移入棕色瓶。试剂瓶上必须贴有标签。标签写明名称、浓度、配制日期等。长期使用的试剂，标签上可涂一层蜡，以防腐蚀和磨损。

(4)危险药品的存放。危险药品是指受光、热、空气、水或撞击等外界因素的影响，可能引起燃烧、爆炸的药品，或具有强烈腐蚀性、剧毒性的药品。按危害性质将常用危险药品分为五类，其相应的存放注意事项见表 1-3。

表 1-3　危险药品的分类、性质及存放

类别		举例	性质	注意事项
爆炸品		硝酸铵、苦味酸、三硝基苯	遇高热、摩擦、撞击等，引起剧烈化学反应，放出大量气体和热量，产生猛烈爆炸	存放于阴凉、低处，轻拿、轻放
易燃品	易燃固体	赤磷、硫、萘、硝化纤维等	燃点低，受热、摩擦、撞击或遇氧化剂可引起剧烈连续燃烧、爆炸	存放于阴凉处，远离热源。使用时注意通风，不得有明火
	易燃液体	丙酮、乙醚、甲醇、乙醇、苯等有机溶剂	沸点低，易挥发，遇火则燃烧，甚至引起爆炸	
	易燃气体	氢、乙炔、甲烷等	因撞击、受热引起燃烧。与空气按一定比例混合，则会爆炸	使用时注意通风。如为钢瓶气，钢瓶不得在同一使用实验室内存放
	遇水燃烧品	钾、钠	遇水剧烈反应，产生可燃气体并放出大量热，而引起爆炸	保存于煤油中，切勿与水接触
	易自燃品	黄磷、硝化纤维等	在适当温度下被空气氧化、放热，达到燃点则引起自燃	保存于水中
氧化剂		硝酸钾、氯酸钾、过氧化氢、过氧化钠、高锰酸钾等	具有强氧化性，遇酸、受热以及与有机物、易燃品、还原剂等混合时，因反应引起燃烧或爆炸	不得与易燃品、易爆品一起存放
剧毒品		氰化钾、三氧化二砷、高汞盐、氯化钡等	剧毒，少量侵入人体(误食或接触伤口)引起中毒，甚至死亡	专人保管，现用现领，用后的剩余量，不论是固体还是液体，都应交回保管人，并有使用登记
腐蚀性药品		强酸、氟化氢、强碱、溴、酚等	具有强腐蚀性，触及物品造成腐蚀、破坏，触及皮肤引起化学烧伤	不要与氧化剂、易燃品、易爆品放在一起

1.2　化学实验用水

天然水和自来水中通常溶解各种盐类(如钙、镁的酸式碳酸盐、硫酸盐、氯化物等)、气体(如氧气、二氧化碳等)和某些低沸点易挥发的有机物等杂质。因此,天然水和自来水都不宜直接用来做化学实验,必须经过净化处理,制备成较为纯净的实验室用水。

1.2.1　化学实验用水的级别

实验室制得的纯水并不是绝对不含杂质,只是杂质的含量极微小。实验室用水的级别及主要指标见表1-4。

表1-4　实验室用水的级别及主要指标

指标名称	一级	二级	三级
pH值范围(25 ℃)	—	—	5.0~7.5
电导率(25 ℃)/(mS·m^{-1})	≤0.01	≤0.10	≤0.50
吸光度(254 nm,1 cm光程)	≤0.001	≤0.01	—
可氧化物质(以氧计)/(mg·L^{-1})	—	≤0.08	≤0.4
蒸发残渣(105±2) ℃/(mg·L^{-1})	—	≤1.0	≤2.0
可溶性硅(以SiO_2计)/(mg·L^{-1})	≤0.01	≤0.02	—

说明:(1)由于在一级水、二级水的纯度下,难于测定其真实的pH值,因此,对其pH值范围不做规定;

(2)由于在一级水的纯度下,难于测定其可氧化物质和蒸发残渣,因此,对其限量不做规定,可用其他条件和制备方法来保证一级水的质量。

实验室的纯水来之不易,应根据实验对水质的要求合理选用适当级别的纯水,并注意节约用水。一般实验和化学分析实验用水使用三级水即可,特殊实验或特别标明的实验才会用到二级水和一级水。如仪器分析实验测定微量杂质时一般使用二级水,测定痕量杂质时使用一级水。

1.2.2　实验室用水的制备

1.2.2.1　三级水

三级水是使用得最普遍的纯水。其常用的制备方法有蒸馏法、离子交换法和电渗析法。过去多采用蒸馏(用铜质或玻璃蒸馏装置)法制备,故三级水常被称为蒸馏水。为节约能源和减少污染,目前多采用离子交换法和电渗析法制备。

1.2.2.2　二级水

二级水可含有微量的无机、有机或胶态杂质,可通过将蒸馏水、反渗透水或去离子水经玻璃或石英蒸馏水器蒸馏来制得。

1.2.2.3 一级水

一级水基本上不含有溶解或胶态离子杂质及有机物,可通过将二级水经石英蒸馏水器第三次蒸馏来制得。

注意:二级水和一级水要临用前制备,不宜存放。

1.3　滤纸与试纸

1.3.1　滤纸及其使用

滤纸是以精制高级棉浆或木浆为原料制成的一种具有良好过滤性能的纸。其纯度高、组织均匀、具有一定的强度，主要用于沉淀的分离和定量化学分析中的重量分析。滤纸有多种类型，在实验过程中，应根据实验要求和沉淀的性质、数量合理地选用。

1.3.1.1　滤纸的分类与主要技术指标

常用的滤纸分为定量滤纸和定性滤纸两种，其中定量滤纸用于重量分析。按过滤速度和分离性能的不同，定量滤纸和定性滤纸又可分为快速、中速和慢速滤纸三类，分别以白带、蓝带和红带的有色纸带标记在滤纸盒上。

滤纸的外形有圆形和方形两种。常用的圆形滤纸有 9 cm、11 cm 和 15 cm 等规格。方形滤纸大多是定性滤纸，有 60 cm×60 cm 和 30 cm×30 cm 等规格。

滤纸产品质量分为 A、B 和 C 三个等级。A 等定性、定量滤纸的主要技术指标及规格见表 1-5。

表 1-5　A 等定性、定量滤纸的主要技术指标及规格

指标		快速(白带)	中速(蓝带)	慢速(红带)
过滤速度(滤出 6 mL 水所需时间)/s		≤35	≤70	≤140
型号	定性滤纸	101	102	103
	定量滤纸	201	202	203
分离性能(沉淀物)		氢氧化铁(胶体)	碳酸锌(粗晶型)	硫酸钡(细晶型)
湿耐破度/mmH_2O①(水柱)		≥130	≥150	≥200
灰分/%	定性滤纸	≤0.13		
	定量滤纸	≤0.009		
滤纸质量/($g \cdot m^{-2}$)		80.0±4.0		
圆形纸直径/cm		7,9,11,12.5,15,18,22		
方形纸尺寸		60 cm×60 cm,30 cm×30 cm		

注：①1 mmH_2O = 9.81 Pa。

1.3.1.2　滤纸的选择

重量分析选用定量滤纸。因为定量滤纸的纯度很高，每张滤纸灼烧后的灰分约为 0.03~0.06 mg，灰分极少，俗称无灰滤纸。定性滤纸一般含有微量杂质，常用于无机物沉淀

的分离和有机物重结晶的过滤。

滤纸的孔隙大小不同,其过滤速度也不同。快速滤纸适用于胶状、非晶形(如氢氧化铁、氢氧化铝等)不易过滤的沉淀过滤;中速滤纸适用于粗晶形沉淀(如碳酸锌、磷酸镁铵等)的过滤;慢速滤纸适用于细晶形沉淀(如硫酸钡、草酸钙等)的过滤。根据沉淀量的多少选用不同大小的滤纸,一般要求沉淀不得超过滤纸折成锥体高度的1/3。

1.3.2 试纸及其使用

试纸是用滤纸浸渍了指示剂或试剂溶液后制成的干燥纸条,常用来定性检验一些溶液的性质或某些物质的存在。其具有操作简单、使用方便、反应快速等特点。各种试纸都应密封保存好,防止被实验室中的气体或其他物质污染而变质、失效。

1.3.2.1 试纸的分类

1. 酸碱试纸

常见的酸碱试纸有 pH 试纸、石蕊试纸和刚果红试纸。

(1)pH 试纸

pH 试纸能具体测出溶液的 pH 值。pH 试纸分广泛试纸和精密试纸两种。广泛试纸只能粗略测定溶液的 pH 值(为整数值),精密试纸在酸碱度变化较小的情况下就有颜色变化,能较精确地测定出溶液的 pH 值,其数值可测到小数点后一位,如 pH=3.4。

(2)石蕊试纸

石蕊试纸分蓝色和红色两种,蓝色试纸在酸性溶液中变成红色;红色试纸在碱性溶液中变成蓝色。

(3)刚果红试纸

刚果红试纸自身为红色,遇酸变成蓝色,遇碱又变回红色。

2. 专用试纸

常用的专用试纸见表1-6,必要时可自己制作。

表1-6 常用的专用试纸

名称	制备方法	用途
醋酸铅试纸	将滤纸浸于100 g/L 醋酸铅溶液中,取出后在无硫化氢的环境中晾干	检验 H_2S,因生成黑色 PbS 使试纸变黑色
碘化钾-淀粉试纸	于100 mL 新配制的5 g/L 淀粉溶液中,加入碘化钾0.2 g,将滤纸放入该溶液中浸透,于暗处晾干,保存在密封的棕色瓶中	检验氧化性气体如 Cl_2、Br_2 等。因 KI 被氧化析出 I_2,I_2 遇淀粉显蓝紫色
碘酸钾-淀粉试纸	将 KIO_3 1.07 g 溶于100 mL 0.025 mol/L 硫酸中,加入新配制的5 g/L 淀粉溶液100 mL,将滤纸浸入后,晾干	检验 NO、SO_2 等还原性气体,因 KIO_3 中的 I^{5+} 被还原为 I_2,I_2 遇淀粉显蓝紫色

表 1-6(续)

名称	制备方法	用途
硝酸银试纸	将滤纸浸于 250 g/L 的硝酸银溶液中,晾干后保存在密封的棕色瓶中	检验 H_2S,因生成黑色 Ag_2S 使试纸变黑色
氯化钯试纸	将滤纸浸入 2 g/L 氯化钯溶液中,干燥后再浸入5%的醋酸中,晾干	检验 CO,因还原出金属钯而使试纸变黑色

3. 试纸的使用

(1)酸碱试纸的使用

撕下一小条试纸,放在洁净而干燥的表面皿中,用玻璃棒蘸取少量待测溶液,点在该试纸中部,观察其颜色变化,并与试纸所配的标准色卡对比,确定溶液的 pH 值。切勿用试纸直接蘸取待测溶液或浸泡在待测溶液中,导致溶液被污染。

(2)专用试纸的使用

用专用试纸检验气体时,将试纸润湿后粘在玻璃棒的一端,悬放在盛有待测物质的试管口或烧杯上方,观察试纸颜色的变化,以确定某种气体是否存在。

1.4 实验室安全、环保和事故处理常识

1.4.1 化学实验室安全规则

在化学实验中，经常使用腐蚀性、易燃、易爆或有毒的化学试剂，大量使用易损的玻璃仪器和精密分析仪器，使用煤气、水、电等。为确保实验人员人身安全和实验的正常进行，必须严格遵守实验室安全规则。

(1) 必须熟悉实验室及其周围环境和水闸、电闸、灭火器的位置，便于遇到突发事件时能及时采取相应的处理措施。

(2) 使用电气设备时，不能用湿手去开启电闸，以防触电。

(3) 所有能产生有毒、有气味气体的实验操作，都在通风橱内进行。例如，取用浓的 HNO_3、HCl、$HClO_4$、醋酸、氨水及挥发性有机试剂时，需在通风橱中操作。

(4) 不得直接用手拿取试剂，要用药匙或指定的容器取用。取用一些强腐蚀性的试剂如氢氟酸、溴水等，需戴上橡皮手套。

(5) 使用易燃物（如酒精、丙酮、乙醚等）、易爆物（如氯酸钾）时，应远离火源，用完后应及时加盖存放在阴凉通风处。低沸点的有机溶剂应在水浴上加热。

(6) 热、浓的 $HClO_4$ 遇有机物反应激烈，易发生爆炸，如果试样为有机物，应先用浓硝酸加热反应，待有机物被破坏后，再加入 $HClO_4$。蒸发 $HClO_4$ 所产生的烟雾易在通风橱中凝聚，经常使用 $HClO_4$ 的通风橱应定期用水冲洗，以免 $HClO_4$ 的凝聚物与尘埃、有机物作用，引起燃烧或爆炸，造成事故。

(7) 汞盐、砷化物、氰化物等剧毒物品，使用时应特别小心。氰化物不能接触酸，因其与酸作用可产生有剧毒的 HCN。含有氰化物的废液应先倒入碱性亚铁盐溶液中，使其转化为亚铁氰化铁盐类，才可作为废液处理；严禁不经处理直接倒入下水道或废液缸中。

(8) 实验室内严禁饮食、吸烟，防止一切化学药品入口。实验完毕后，需认真洗手。

1.4.2 安全用电常识

(1) 在使用电气动力时，必须事先检查电路及仪器设备是否安装妥善。

(2) 开始工作或停止工作时，必须将开关彻底合上或断开。

(3) 注意保持电源线路的干燥，不能有裸露的电源线，防止实验室内产生火花，因为空气中有可能形成爆炸性混合气体和可燃性气体。

(4) 严禁用铁柄毛刷或湿布清扫带电的电器。

(5) 凡电气动力设备发生过热现象，必须立即停止运转。待查明原因并处理完毕后方可再行运转。

(6) 使用高压电源工作时，必须采取适当的防护措施，严格按照标准操作规程进行

操作。

(7)触电时,需立即切断电源,或及时用不导电的物体把触电者从电线上移开,并对触电者采取救护处理。

1.4.3 易燃、强腐蚀性试剂和有毒化学药品的使用

(1)盛装试剂、药品和溶液的试剂瓶及容器必须贴有标签。有毒药品必须与一般药品分开存放。一旦有毒物质撒落时,应立即全部收拾起来,并把落过有毒物质的桌子和地板擦净。

(2)严禁试剂入口,如需以鼻鉴别试剂的气味,应将试剂瓶远离鼻子,以手轻轻扇动气体,嗅取完成。

(3)强腐蚀性和有毒药品,取用时尽可能戴上胶皮手套和防护眼镜等。如瓶子较大,搬运时必须一手托住底部,一手扶住颈部。腐蚀性药品不得在烘箱内烘烤。

(4)使用或产生有毒气体、蒸气的实验,必须在通风橱内进行。必要时还应戴上防毒面具。

(5)挥发性有机试剂应存放在通风良好的场所、冰箱或铁柜内;易燃药品不可放在电炉或其他火源的附近,特别是易燃性有机溶剂。因为这类物质的蒸气大都比空气密度大,能在地面或工作台上面流动,遇火源会被点燃甚至引爆。

(6)开启易挥发试剂的瓶盖时,不可将瓶口对着自己或他人的脸部,避免大量气液冲出造成伤害。夏季或室温较高,开启挥发性试剂的瓶盖时,应先把试剂瓶放在冷水里降温冷却。

(7)加热易挥发及易燃性有机溶剂时,应在水浴锅或严密的电热板上缓慢地进行。严禁用明火或电炉直接加热。

(8)易发生爆炸的操作,需加强安全措施,事先避免可能发生的伤害。避免与人相对,必要时戴上面罩或使用防护挡板。

1.4.4 实验室废弃物处理

实验室的废弃物主要指实验中产生的废气、废水、废渣(简称“三废”)。为了防止环境污染,保证实验人员及他人的健康,对于排放的废弃物,实验人员需按照有关规章制度的要求,采取适当的处理措施,使其浓度达到国家环境保护的排放标准。

1.4.4.1 废气处理

主要是对实验室中产生的有害健康和环境的气体进行处理,如一氧化碳、甲醇、氨、汞、酚、氧化氮、氯化氢、氟化氢等。这类实验需在通风橱内完成,操作者只要做好防护工作,一般不会受到伤害。在实验过程中所产生的危害气体和蒸气通过排风设备排到室外,少量的低浓度有害气体在大气中通过稀释和扩散等作用,危害能力大大降低。但大量的高浓度废气在排放之前,必须进行预处理,使排放的废气达到国家规定的排放标准。

实验室对废气预处理最常用的方法是吸收法。即根据被吸收气体组分的性质,选择合

适的吸收剂(液)。例如,氯化氢气体可用氢氧化钙溶液吸收。除吸收法外,常用的预处理方法还有吸附法、氧化法、分解法等。

1.4.4.2　废液处理

实验室废液多数含有化学物质,其危害较大,若直接排入下水道、浸入地下、流入江河,将会污染水源、土壤和环境,危及人体的健康,所以不能直接排放,应根据污染物性质分别收集处理。

下面介绍几种常用的处理方法。

1. 无机酸废液

先将无机酸废液收集于陶瓷缸或塑料桶中,然后用碳酸钠或氢氧化钙的水溶液中和,或用废碱中和。中和后用大量水冲稀排放。

2. 氢氢化钠、氨水废液

用无机酸废液中和后,用大量水冲稀排放。

3. 含汞、砷、锑、铋等离子的废液

控制溶液酸度,H^+浓度约为 0.3 mol/L,再以硫化物形式沉淀,以废渣的形式处理。

4. 含氰废液

氰化物遇酸能产生剧毒气体氰化氢,瞬时可使人丧命。把含氰废液倒入废酸缸中是极其危险的。含氰废液应加入氢氧化钠使 pH 值大于 10,再加入过量的 30 g/L $KMnO_4$ 溶液,使 CN^-被氧化分解。若 CN^-含量过高,可加入过量的次氯酸钙和氢氧化钠溶液进行破坏。另外,氰化物在碱性介质中与亚铁盐作用可生成亚铁氰酸盐而被破坏。

5. 含氟废液

在含氟废液中加入石灰使其生成氟化钙沉淀,以废渣的形式处理。

6. 有机溶剂废液

若废液量较多,有回收价值的溶剂应蒸馏回收使用,无回收价值的少量废液可以用水稀释后排放。若废液量大,可用焚烧法进行处理。不易燃烧的有机溶剂,可用废易燃溶剂稀释后再焚烧。

7. 黄曲霉毒素废液

可用 25 g/L 的次氯酸钠溶液浸泡达到去毒的效果。25 g/L 的次氯酸钠溶液配制方法:取 100 g 漂白粉,加入 500 mL 水,搅拌均匀,另将 80 g 工业用碳酸钠溶于 500 mL 温水中,将两液搅拌混合,澄清后过滤,此滤液含 25 g/L 次氯酸钠。

1.4.4.3　废渣处理

废弃的有害固体药品或反应中得到的沉淀,严禁倒入生活垃圾堆中,必须进行处理。废渣处理方法是先解毒后深理。首先根据废渣的性质,选择合适的化学方法或通过高温分解等,使废渣的毒性减小到最低,然后将残渣挖坑深埋。

1.4.5　实验室中一般伤害事故的处理

实验时,若有事故发生,应沉着、冷静,正确应对。实验室一般伤害事故的处理方法见表1-7。

表 1-7　实验室一般伤害事故的处理方法

事故	正确处置方法
酸类"烧"伤	先用大量水冲洗，然后用 50 g/L 的碳酸钠溶液冲洗
氢氟酸"烧"伤	迅速用水冲洗，再用 50 g/L 苏打溶液冲洗，然后浸泡在冰冷的饱和硫酸镁溶液中半小时，最后敷以硫酸镁(质量分数 26%)、氧化镁(质量分数 6%)、甘油(质量分数 18%)、水和盐酸普鲁卡因(质量分数 1.2%)配成的药膏(或甘油和氧化镁质量比为 2:1的悬浮剂涂抹，用消毒纱布包扎)
强碱"烧"伤	立即用大量水冲洗，然后用 10 g/L 的柠檬酸或硼酸溶液冲洗
磷"烧"伤	用 10 g/L 硫酸铜、10 g/L 硝酸银或浓高锰酸钾溶液处理伤口后，送医院治疗
吸入溴、氯等有毒气体	吸入少量酒精和乙醚的混合蒸气以解毒，同时应到室外呼吸新鲜空气
汞泄漏	立即用滴管或毛笔尽可能将汞拾起，然后用锌皮接触使其成合金，最后撒上硫黄粉，使汞与硫反应，生成不挥发的硫化汞
触电事故	立即拉开电闸，截断电源，或尽快地利用绝缘体(干木棒、竹竿)将触电者与电源隔离
火灾	酒精及其他可溶于水的液体着火时，用水灭火；汽油、乙醚等有机溶剂着火时，用沙土扑灭；导线或电器着火时，首先切断电源，再用 CCl_4 灭火器灭火

以上事故如果严重或难以控制，应立即送医院救治并报警。

1.4.6　灭火常识

一旦发生火灾，工作人员应冷静沉着，快速选择合适的灭火器材进行扑救，同时注意自身的安全。

(1)根据火源类型选择合适的灭火器材。例如，能与水发生猛烈作用的金属钠、过氧化物等失火时，不能用水灭火，应当使用干燥的沙土覆盖灭火；而比水轻的易燃物品失火时，也不能用水灭火，应选择泡沫灭火器、二氧化碳灭火器或干粉灭火器等工具灭火。

(2)电气设备及电线着火时须关闭总电源，再用四氯化碳灭火器熄灭燃烧的电线及电气设备。

(3)在回流加热时，由于安装不当或冷凝效果不佳而失火，应先切断加热源，再进行扑救。但绝对不可以用其他物品堵住冷凝管上口。

(4)实验过程中，若敞口的器皿发生燃烧，在切断加热电源后，要设法找一个适当材料盖住器皿口，使火熄灭。

(5)扑救有毒气体火情时，一定要注意防毒。

(6)衣服着火时，不可慌张乱跑，应立即用湿布等物品覆盖灭火，如燃烧面积较大，可躺在地上打滚，熄灭火焰。

学习情境2　常用玻璃器皿的洗涤、干燥和使用操作

2.1　常用玻璃器皿的洗涤

2.1.1　用水刷洗

用水和毛刷可以洗去可溶性物质,也可以使附着在器皿上的尘土和不溶性物质脱落下来。

2.1.2　用洗衣粉或去污粉刷洗

洗衣粉和去污粉能够除去器皿上的油污。去污粉中含有碳酸钠、白土和细沙,刷洗时能起摩擦作用,洗涤的效果更好。

2.1.3　用洗液洗

如实验对器皿的洁净程度要求更高,或所用器皿容积精确、形状特殊,不能用刷子刷洗;或有些杂质附着在器皿壁上,用上述方法很难洗净,要选用适当的洗液进行清洗。普通化学实验室中常用的洗液有铬酸洗液、NaOH-$KMnO_4$ 洗液、酒精-硝酸混合液、浓盐酸(粗)洗液等。

1. 铬酸洗液

将 5~10g $K_2Cr_2O_7$(粗盐)用少量水润湿,加入 100mL 浓硫酸,边加边搅拌,溶解后,得到的棕红色油状液体即为铬酸洗液,冷却后贮存于细口瓶中备用。该洗液是一种酸性很强的强氧化剂,使用过程中,$K_2Cr_2O_7$ 还原成 Cr^{3+} 离子。因此当洗液颜色变绿时,洗液即失效,应重新配制。

2. NaOH-$KMnO_4$ 洗液

将 10 g$KMnO_4$ 溶于少量水中,搅拌,慢慢向其中注入 100 mL 100 g/L NaOH 溶液即成。该洗液用于洗涤油脂及有机物,洗后在器壁上将产生 MnO_2 褐色沉积物,可用还原性溶液(如浓盐酸或 Na_2SO_3 溶液)将其除去。

3. 酒精-硝酸混合液

酒精-硝酸混合液适于洗净滴定管。使用时先在滴定管中加入 2mL 酒精,再加入 8mL

浓硝酸即成。酒精-硝酸混合液不能事先配制。

4. 浓盐酸洗液

浓盐酸洗液可洗去附着在器壁上的碱性物质、氧化剂(如 MnO_2)等。

使用洗液是一种化学处理方法,前面介绍 4 种洗液,而实际中可能多种多样,如硫化物玷污可用王水除去,氯化银玷污可用氨水或 $Na_2S_2O_3$ 处理。总之,选用洗液要有针对性,根据具体情况,充分运用已有的化学知识来处理实际问题。

用洗液洗涤器皿时,先往器皿内加少量洗液(其用量约为器皿总容量的 1/5～1/4),后将器皿倾斜并慢慢转动,使器皿的内壁全部被洗液润湿,这样反复操作。用毕,将洗液倒回原洗液瓶中,再用水把残留在器皿上的洗液洗净。如用洗液浸泡器皿一段时间,或用热的洗液润洗,则效果更好。

使用洗液时,必须注意以下几点。

(1)使用洗液前,应先用自来水冲洗器皿,尽量除去其中的污物。

(2)应该尽量把器皿内残留的水倒净,以免水把洗液冲淡。

(3)大多数洗液(如铬酸洗液)用后应倒回原来瓶内,可以重复使用多次。

(4)洗液都具有很强的腐蚀性,会灼伤皮肤和损坏坏衣物。如果不慎把洗液洒在皮肤、衣物和实验桌上,应立即用水冲洗。

(5)铬酸洗液中的 Cr(Ⅵ)有毒,清洗残留在器皿上的铬酸洗液时,第一、二遍的洗涤水不要倒入下水道,应统一处理。

用以上各种方法洗涤后的器皿,经自来水冲洗后,还需用蒸馏水或去离子水涮洗。每次用量不必太多,应遵循“少量多次”的原则,既洗得干净,又不浪费蒸馏水。

已洗净的器皿,器皿壁上应留有均匀的一层水膜,且不挂水珠,这是器皿洗涤干净的标志。

2.2　常用玻璃器皿的干燥

2.2.1　烘干

洗净的玻璃器皿可放在电热干燥箱(又称烘箱)内烘干。注意精密度高的容量仪器不能用烘干的方式进行干燥。

2.2.2　烤干

烧杯和蒸发皿可在放有石棉网的电炉上烤干。试管可直接用小火烤干,操作时,先将试管略微倾斜,管口向下,并不时地来回移动试管,水珠消失后,再使管口朝上,以便水蒸气逸出。

2.2.3　晾干

洗净的器皿可倒置在干净的实验橱柜内或器皿架上。倒置后不稳定的器皿,应平放,让其自然晾干。

2.2.4　吹干

使用电吹风机把器皿吹干。

2.2.5　用有机溶剂干燥

带有刻度的计量器皿,不能用加热方法干燥,否则,会影响器皿的准确度。可用易挥发的有机溶剂(如乙醇、丙酮、乙醚等),取其少量倒入洗净的器皿中,将器皿倾斜、转动,使器皿壁上的水与有机溶剂混合,然后倒出,有机溶剂很快挥发使器皿干燥。

2.3　常用玻璃器皿的使用操作

2.3.1　移液管、吸量管和排气式微量移液器

2.3.1.1　移液管和吸量管

1. 基本结构

移液管和吸量管是用于准确吸（量）取一定体积实验溶液的玻璃量器。其形状分别如图2-1、图2-2所示。

图2-1　移液管

图2-2　吸量管

移液管是一根细长而中间有膨大部分的玻璃管，管颈上部刻有环形标线，膨大部分标有20 ℃时的容积。由于其读数部分管径较小，因此所量取溶液的体积误差较小。常用的有5 mL、10 mL、20 mL、25 mL、50 mL等规格。而吸量管是直形的，管上有分刻度。

2. 使用方法

（1）冲洗和润洗

移液管和吸量管在使用前要清洗至内壁及下端外壁均不挂水珠。先用自来水冲洗，如挂水珠，可用铬酸洗液浸泡一会儿，将洗液倒入原洗液瓶中，用自来水冲洗，再用蒸馏水冲洗。

吸取溶液前，需用被吸取溶液润洗，以移液管为例，润洗方法如下：先用滤纸把管尖内外的蒸馏水吸尽，然后用右手的拇指、中指和无名指拿住移液管标线以上的部分，左手拿吸耳球，将食指放在吸耳球的上方，其余手指自然握住吸耳球，把吸耳球中的空气排出，尖端吸气口插入移液管管口，将移液管管尖插入溶液液面以下2~3 cm深处，同时松开紧捏的吸耳球。待吸入的溶液慢慢上升至约1/3体积时，迅速移开吸耳球，立即用右手食指按住管口（勿使溶液返流回原瓶中，以免稀释溶液），提起移液管，使其离开溶液。将移液管放横使管

口稍低于管尖,以左手辅助支撑在移液管靠近膨大处,旋转移液管,使溶液润洗内壁至移液管刻度线以上 2~3 cm,将移液管竖直,从管尖排出溶液至废液容器中。用同样的方法润洗移液管 3~4 次,即可移取溶液。吸量管的润洗操作与移液管相同。

(2)移取溶液

将溶液吸取至移液管的标线以上 2~3 cm 处,迅速移开吸耳球,立即用右手食指堵住管口。提起移液管离开液面,倾斜盛装溶液的容器约 45°,使管尖靠于内壁。左手放下吸耳球,抬起容器,调节高度使移液管标线与视线水平。保持移液管竖直向下,微微松动右手食指,使液面缓慢下降,直到溶液弯月面的最低点与标线相切,立即按紧食指。右手保持不动,左手放下容器,拿起接收溶液的容器,使该容器倾斜约 45°,内壁靠住管尖,松开右手食指,让溶液自然顺壁流下(图 2-3)。待溶液完全流出,仍保持移液管竖直向下,等待 15 s,移开移液管,放到吸管架上。

注意,移液管放出溶液后,管尖仍残留有少量溶液,除移液管上有特别注明"吹"字外,此残留液不可吹入容器中,因为在生产移液管时,并未把这部分体积计算在内。吸量管移取溶液的操作与移液管相同。移液管和吸量管的洗涤与使用视频可扫描图 2-4 观看学习。

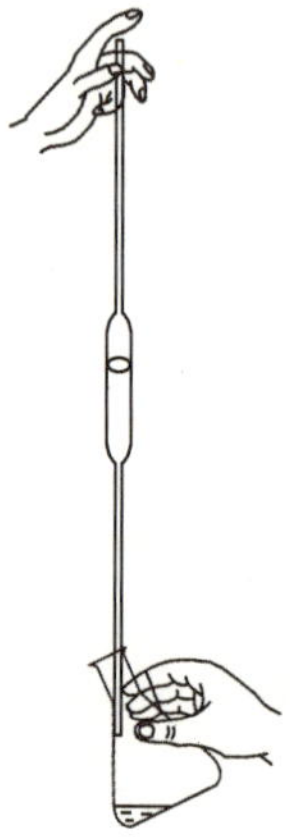

图 2-3　从移液管放出溶液的操作

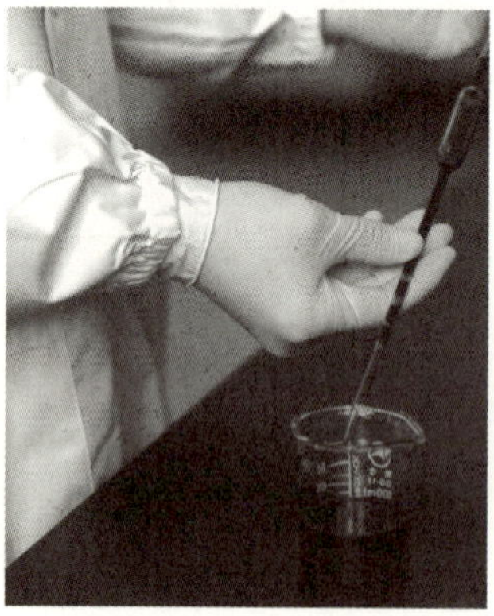

图 2-4　移液管和吸量管的洗涤与使用(视频)

(3)注意事项

①上述操作根据个人习惯,左右手可调换。

②移液管和吸量管不允许放在烘箱中加热烘干。

③移液管一般与容量瓶配套使用。在同一实验中,应尽可能使用同一支吸量管的同一段,并尽量使用管的上端部分,而不用末端收缩部分。

④若短时间内不使用移液管和吸量管,应即时用自来水和蒸馏水依次冲洗干净,放于吸管架上,以免长时间放置后清洗特别困难。

2.3.1.2　排气式微量移液器

排气式微量移液器,常称为"排气式移液枪",简称移液枪。移液枪是一种通用型移液器,用于精确地取样并分配移液体积。移液枪基于空气置换原则进行操作,并使用一次性枪头(或吸头),如图 2-5 所示。

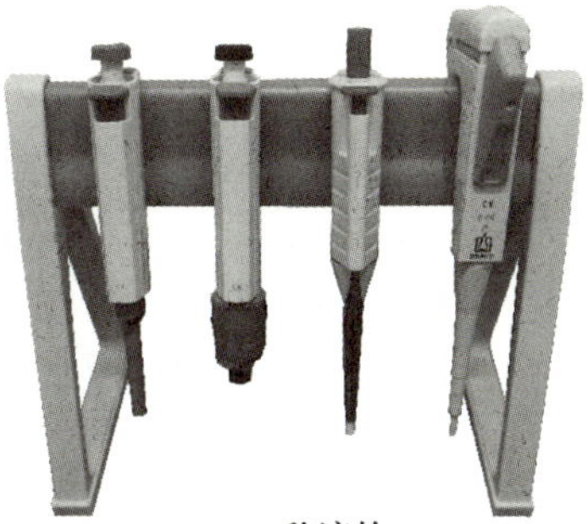

(a)移液枪

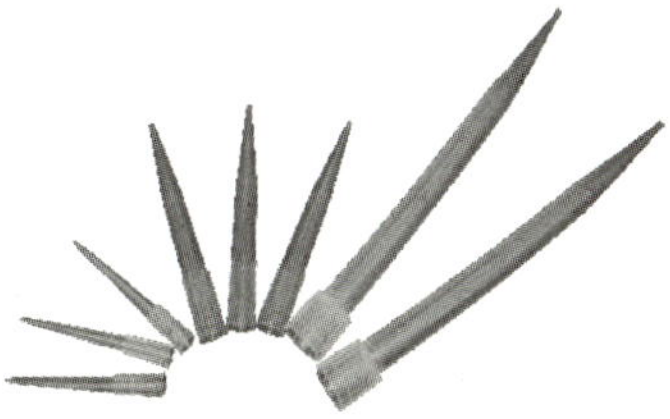

(b)一次性枪头

图 2-5　移液枪和一次性枪头

移液枪由吸取及排出液体的组件、体积调节刻度盘、一次性枪头、枪头弹出钮、枪头弹出杆组成。移液枪使用方法如下。

(1)量程设置

移液枪的显示窗可清楚地显示移液器移取液体的体积(注意单位),此体积即为移液量。移液量可通过顺时针或逆时针旋转调节轮进行设置,设置移液量时,确保不超过移液器的量程范围,否则可能卡住机械装置,损坏移液器。

(2)密封与弹出枪头

安装枪头前请确保移液器枪头清洁。在将枪头套上移液枪时,将移液枪垂直插入枪头中,稍微用力左右微微转动即可使其紧密结合。枪头卡紧的标志是略微超过"O"形环,并可以看到连接部分形成清晰的密封圈。牢牢按压移液器圆锥上的枪头以确保密封完好。每个移液器均配有枪头喷射器以帮助清除污染。使用完毕后退出枪头,用力向下按动弹出器方能推出枪头,卸掉的枪头与新枪头不能混放,避免造成交叉污染。

移液之前,要保证移液器、枪头、液体处于相同温度。吸取液体时,手握移液枪的姿势如图 2-6 所示。移液器保持竖直状态,将枪头插入液面下 2~3 mm。在吸液之前,可以先吸放几次液体以润湿吸液嘴。吸取液体时要缓慢而平稳地松开拇指,枪头离开液面时要等待 1~3 s;放液时,枪头紧贴容器壁,这时可采用以下两种移液方法进行操作。

①前进移液法

用拇指将按钮按至第一停点,然后慢慢松开按钮回原点。接着将按钮按至第一停点排出液体,稍停片刻,继续将按钮按至第二停点,吹出残余的液体。最后松开按钮。

②反向移液法

用于高黏度液体、生物活性液体、易起泡液体或极微量的液体,其原理就是先吸入多于设置量程的液体,转移液体的时候不用吹出残余的液体。先将按钮按至第二停点,慢慢松开按钮至原点。接着将按钮按至第一停点,排出设置好量程的液体,继续保持按住按钮位于第一停点(千万别再往下按),取出有残留液体的枪头,弃之。

使用完毕,可以将其竖直挂在移液枪架上。当移液枪枪头有液体时,切勿将移液器水平放置或倒置,以免液体倒流腐蚀活塞弹簧。

移液枪的使用视频可扫描图 2-7 观看学习。

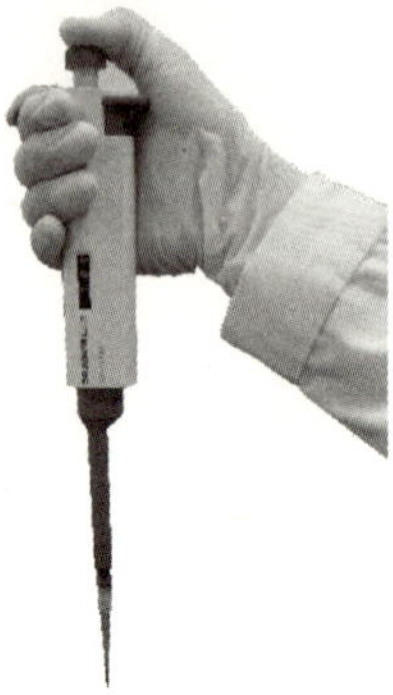

图 2-6　握枪姿势

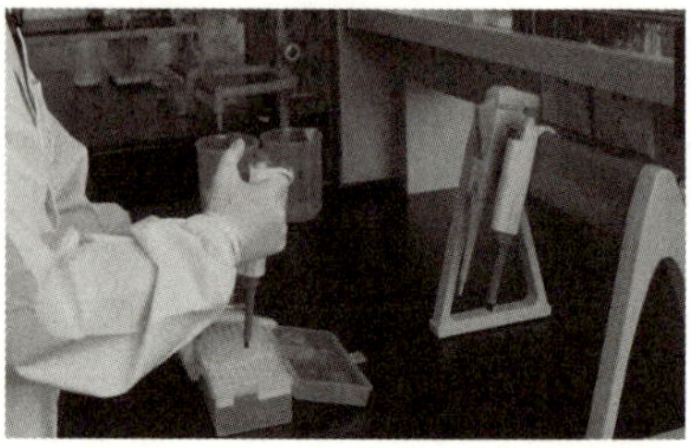

图 2-7　移液枪的使用(视频)

2.3.2　容量瓶

2.3.2.1　基本结构

容量瓶是细颈梨形的平底玻璃瓶，带有玻璃磨口塞或塑料塞。瓶颈上有一环形标线，瓶上标有体积和标定时的温度。常用的容量瓶有 50 mL、250 mL、500 mL、1 000 mL 等多种规格。

容量瓶主要用于配制准确浓度的溶液或定量的稀释溶液。

2.3.2.2　使用方法

1. 试漏

加自来水至容量瓶的标线处，盖好瓶塞，用一只手的食指按住瓶塞，其余手指拿住瓶颈标线以上部分，用另一只手的指尖托住瓶底边缘，将容量瓶倒置 2~3 min，然后用滤纸片检查瓶塞周围是否有水渗出。如不渗漏，则将瓶直立，把瓶塞旋转 180°后，再试漏，通过检查即可使用。

2. 溶液转移

用右手拿玻璃棒并将其伸入容量瓶中，使下端靠于瓶颈内壁上，上端不碰瓶口，左手拿烧杯并将烧杯嘴紧贴玻璃棒中下部，慢慢倾斜烧杯，使溶液沿着玻璃棒和容量瓶内壁流入，如图 2-8 所示。烧杯中溶液倒完后，慢慢回正烧杯，烧杯嘴仍紧贴玻璃棒，边回正边上提 1~2 cm，使附在玻璃棒与烧杯嘴之间的溶液流回烧杯中，离开玻璃棒，把玻璃棒放回烧杯中。用洗瓶以少量蒸馏水先冲洗玻璃棒，然后从上到下环绕冲洗烧杯内壁，将洗涤的溶液用相同方式转移入容量瓶中。如此反复冲洗 3~4 次，每次用水 5~10 mL，即完成定量转移。

3. 定容

向定量转移后的容量瓶中加蒸馏水至容量瓶总容量的 2/3 左右，水平旋摇容量瓶几圈，使溶液初步混匀。继续加蒸馏水至距离标线 0.5~1 cm 处，放置 1~2 min，使附在瓶颈内壁的液膜流下，再用滴管滴加蒸馏水至溶液弯液面下缘与标线相切为止，盖紧瓶塞。

4. 摇匀

定容后，用一只手的食指按住瓶塞顶部，其余手指拿住瓶颈标线上部，用另一只手的指尖托住瓶底边缘将容量瓶倒转，气泡上升到顶部，水平旋摇瓶身混匀溶液，然后使其恢复正立，如图 2-9 所示。待溶液完全流下至标线后，再次倒转容量瓶，旋摇。如此反复操作 5~6 次，使溶液充分混合均匀。

容量瓶的洗涤和使用视频可扫描图 2-10 观看学习。

图 2-8　向容量瓶转移溶液的操作

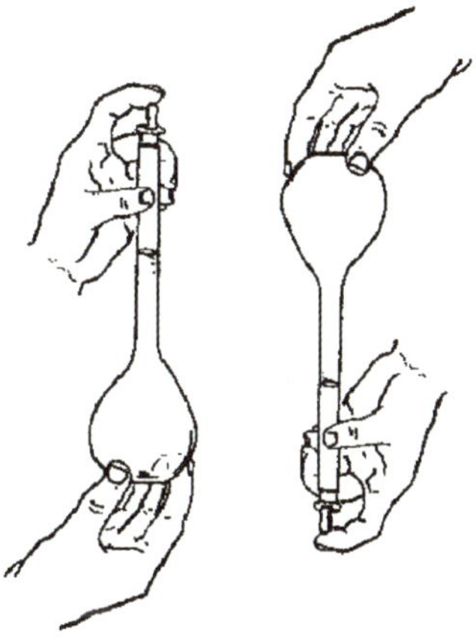

图 2-9　混匀容量瓶内溶液的操作

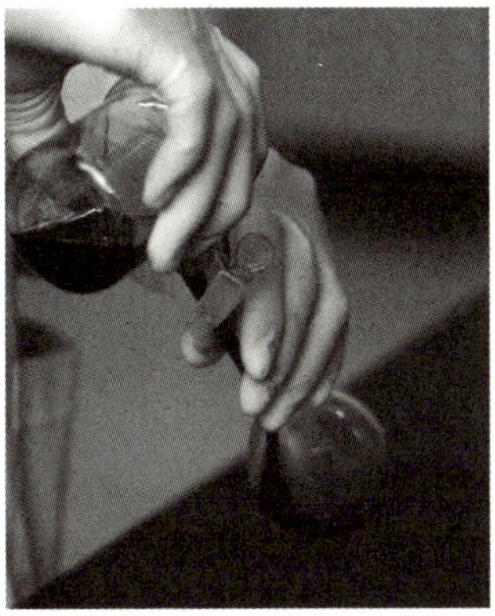

图 2-10　容量瓶的洗涤和使用(视频)

5. 注意事项

(1) 容量瓶的磨口瓶塞与瓶是配套使用的，用错后易漏，应用橡皮筋或细绳将瓶塞系在瓶颈上，使用中不能将其放在桌面上。

(2) 容量瓶用毕，应立即用自来水冲洗干净。如长期不用，存放时磨口处应洗净擦干，垫上小纸片，以免久置黏结。

(3) 勿把容量瓶当试剂瓶使用。配制好的溶液如需要保存，应转移到干燥洁净的试剂瓶中存放。

2.3.3 滴定管

2.3.3.1 基本结构

滴定管是滴定时准确测量所放出标准溶液体积的量器，由刻有精确刻度而内径均匀细长的玻璃管制成。常量分析的滴定管容积有 50 mL 和 25 mL 两种规格，最小刻度都为 0.1 mL，可估计读数准确到 0.01 mL，最大误差为 0.02 mL。

滴定管一般分为两种：一种是酸式滴定管[图 2-11(a)]，用于装酸性溶液和氧化性溶液，不宜装碱性溶液，因为碱性溶液能腐蚀玻璃，使活塞难于转动；另一种是碱式滴定管[图 2-11(b)]，它的下端连接有一小段乳胶管，管内塞有玻璃珠以控制溶液的流出，乳胶管的下端再接一尖嘴玻璃管。凡能与乳胶管起反应的氧化性溶液，如 $KMnO_4$、I_2、$AgNO_3$ 等溶液，不能装在碱式滴定管中。

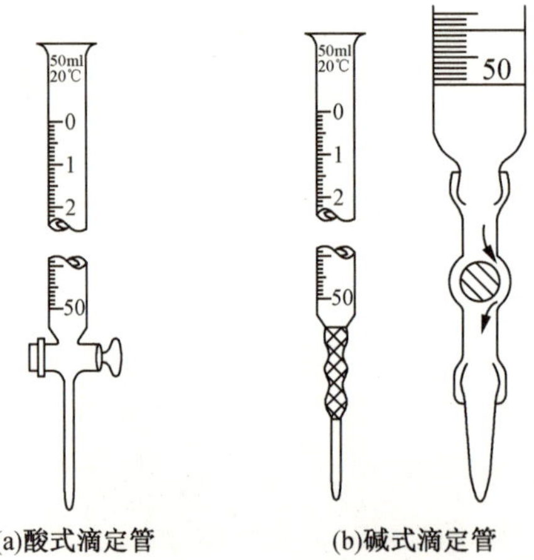

图 2-11 滴定管

2.3.3.2 使用方法

使用前，先要对滴定管做初步检查，酸式滴定管检查活塞是否转动灵活，是否漏水；碱式滴定管检查乳胶管径与玻璃球大小是否合适，乳胶管是否有孔洞、硬化等现象，若乳胶管已老化，玻璃珠过大（不易操作）或过小和不圆滑（漏水），应予以更换。

1. 洗涤

无明显油污不太脏的滴定管，可直接用自来水冲洗，或用专用的滴定管刷蘸洗衣粉水刷洗，若有油污不易洗净时，可用铬酸洗液洗涤。洗涤时尽量将酸式滴定管内的水除去，关闭活塞，倒入 10~15 mL 洗液于滴定管中，边转动边向管口倾斜，直至洗液流遍全部管壁为止，打开活塞，将洗液放回原洗液瓶中。如果滴定管油垢较严重，需用较多洗液充满滴定管浸泡几十分钟或更长时间，甚至用温热洗液浸泡一段时间。洗液放出后，先用自来水冲洗，再用蒸馏水淋洗 3~4 次。

碱式滴定管的洗涤方法与酸式滴定管的基本相同，但要注意铬酸洗液不能直接接触乳胶管,否则乳胶管会变硬损坏。为此,最简单的方法是将乳胶管连同尖嘴部分一起拔下,滴定管下端套上一个滴管的橡皮帽,然后装入洗液洗涤。洗液放出后,先用自来水冲洗,再用蒸馏水淋洗 3~4 次备用。

2. 涂凡士林

酸式滴定管活塞与塞套应密合不漏,转动要灵活,应在活塞上涂一薄层凡士林。涂凡士林的方法是:将活塞取下,用滤纸或干净的布把活塞和活塞套内壁擦干净,用食指尖蘸少量凡士林在活塞的大小两头各涂上薄薄一圈,在紧靠活塞孔的两旁不要涂凡士林,以免放回活塞套后堵住活塞孔。涂完,把活塞放回套内,向同一方向旋转活塞几圈,使凡士林分布均匀呈透明状。如发现转动不灵活或活塞上出现纹路,表示凡士林涂得不够;若是凡士林从活塞缝隙中挤出或活塞孔被堵,表示凡士林涂得太多。遇到这种情况,都必须把活塞和活塞套擦干净重新再涂。涂好凡士林后,用乳胶管剪切制成的小橡皮圈套住活塞的小头,将活塞固定在活塞套内,防止滑出。

碱式滴定管不涂凡士林。

3. 试漏

(1)酸式滴定管试漏

关闭活塞,装入蒸馏水至一定刻线,直立放到滴定管架上约 2 min,仔细观察刻线上的液面是否下降,滴定管下端有无水滴,以及活塞缝隙中有无渗水。将活塞转动 180°后等待约 2 min,再观察,如有漏水,重新再涂凡士林。

(2)碱式滴定管试漏

装入蒸馏水至一定刻线,直立滴定管约 2 min,仔细观察刻线上的液面是否下降,滴定管下端尖嘴上有无水滴。如有水滴,则应调换乳胶管中玻璃珠,选择一个大小合适、比较圆滑的配上再试。玻璃珠太小或不圆滑都可能漏水,但玻璃珠太大不利于滴定操作。

4. 加装溶液和赶除气泡

准备好滴定管后即可加装标准溶液。为了除去滴定管内残留的水分,确保标准溶液浓度不变,应先用此标准溶液润洗 2~3 次,每次约用 10 mL。操作时,边转动边向管口倾斜,使标准溶液流遍全管,然后将溶液从管下口放出,弃去。在装入标准溶液时,应直接倒入,不得借用任何别的容器,以免改变标准溶液浓度或造成污染。

装好标准溶液后,需注意滴定管尖嘴内有无气泡。对于酸式滴定管赶除气泡的方法是,打开活塞,使溶液迅速冲出,将气泡带走;对于碱式滴定管,可把乳胶管向上弯曲,捏挤玻璃珠,使溶液从尖嘴喷出,带走气泡。

5. 滴定

滴定最好在锥形瓶中进行,必要时也可在烧杯中进行。滴定操作是左手控制滴定管"阀门"滴加标准溶液,右手摇瓶或搅拌被滴定溶液,使滴定反应进行完全。

(1)酸式滴定管的滴定操作

使用酸式滴定管的操作如图 2-12(a)所示,左手的拇指在活塞前,食指和中指在活塞后,手指略微弯曲,轻轻向内扣住活塞,手心空握,无名指和小指内曲,外侧轻顶活塞下段管,以防活塞被顶出造成漏水。滴定时转动活塞,控制溶液流出速度。开始滴定时,标准溶液滴出的速度可以稍快些，但不能使溶液呈流水状放出，以 3～4 滴/s 为宜。边滴边摇（或用玻璃棒搅拌烧杯中溶液），使被滴定溶液向同一方向做圆周旋转，临近终点时，滴定速度要减慢，一滴一滴加入，甚至半滴加入，直到刚好到达滴定终点为止。半滴的滴法是将活塞稍稍转动，使半滴溶液悬于管口，用锥形瓶内壁与管口相接触，使液滴流出，并用蒸馏水冲下。

（2）碱式滴定管的滴定操作

使用碱式滴定管的操作如图 2-12（b）所示，左手的拇指在前，食指在后，捏住乳胶管中玻璃珠所在部位稍上处，捏挤乳胶管使其与玻璃珠之间形成一条缝隙，溶液即可流出。但注意不能捏挤玻璃珠下方的乳胶管，否则滴定结束时空气被吸入尖嘴形成气泡，将造成滴定体积计量错误。

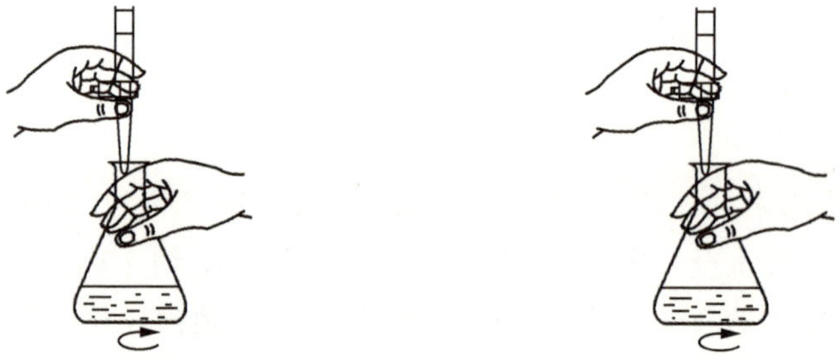

(a)酸式滴定管滴定　　(b)碱式滴定管滴定

图 2-12　滴定操作

6. 滴定管的读数

由于水溶液的附着力和表面张力的作用，滴定管内液面呈弯月形。无色溶液的弯月面比较清晰，而有色溶液的弯月面比较模糊，因此，两种情况的读数方法稍有不同。为了正确读数，应遵守下列规则。

（1）注入溶液或放出溶液后，需等待 30 s～1 min 后才能读数（使附着在内壁上的溶液流下）。

（2）滴定管应用拇指和食指拿住滴定管的上端，使管身保持垂直后读数。

（3）对于无色溶液或浅色溶液，应读弯月面下缘实线的最低点，读数时视线应与弯月面下缘实线的最低点相切，即视线与弯月面下缘的最低点在同一水平面上，如图 2-13（a）所示。对于有色溶液，应使视线与液面两侧的最高点相切，如图 2-13（b）所示。滴定过程中，初读数和终读数应使用同一种读数方法。

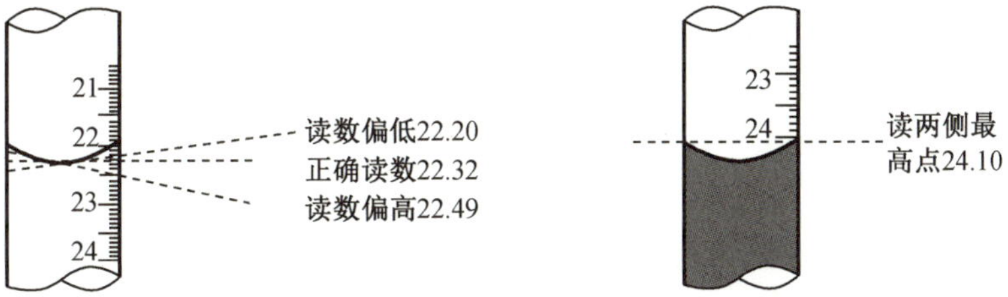

(a)对无色溶液的读数方法　　(b)对有色溶液的读数方法

图 2-13　普通滴定管的读数

(4)有一种蓝线衬底的滴定管,其读数方法(对无色溶液)与上述不同,无色溶液有两个弯月面相交于滴定管蓝线的某一点,如图 2-14 所示,读数时视线应与此点在同一水平面上。对有色溶液读数方法与上述普通滴定管的相同。

(5)滴定时,最好每次都从 0. 00 mL 开始,或从接近零的任一刻度开始,这样可较固定地使用滴定管某一段的刻度,减少滴定管测量体积的误差。读数必须准确到 0. 01 mL。

滴定管的洗涤和使用视频可扫描图 2-15 观看学习。

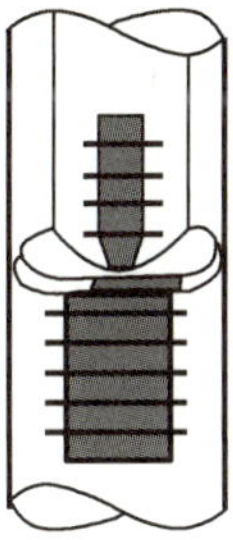

图 2-14　蓝线衬底的滴定管的读数

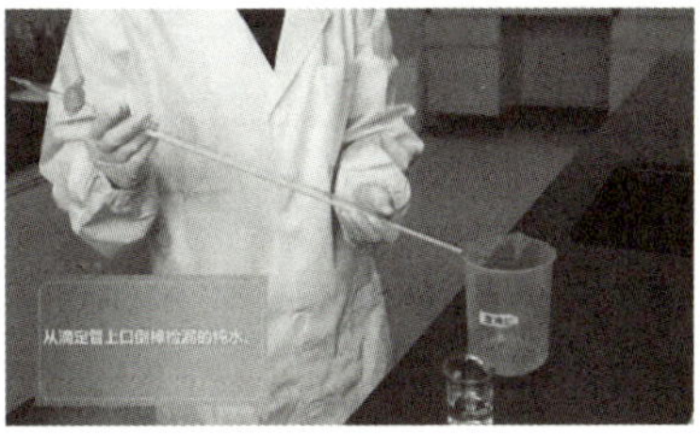

图 2-15　滴定管的洗涤和使用(视频)

7. 注意事项

(1)滴定管用毕后,洗净,倒置夹在滴定管夹上。

(2)酸式滴定管长期不用时,活塞部分应垫上小纸条,否则,时间一久,塞子不易打开。碱式滴定管不用时乳胶管应拔下,蘸一些滑石粉保存。

实验一　应用化学实验常用玻璃仪器的准备

一、实验目的

1. 熟悉常用玻璃仪器的名称、规格，掌握玻璃仪器洗涤方法。

2. 认识常用玻璃仪器的洗涤在分析化学实验中的重要作用，洗好一套合乎实验要求的仪器。

3. 了解常用洗涤剂的配制和使用方法。

二、常用玻璃仪器的洗涤方法

玻璃仪器大体可分为如下两类。

(1)用来准确计量溶液体积的玻璃仪器，如移液管、滴定管、容量瓶等。这类仪器的内壁不仅要求洁净，而且要求光滑，所以不能用普通毛刷蘸去污粉擦洗内壁，而只能用适当的洗涤剂或用质软的羊毛刷蘸肥皂洗涤。

(2)除上述以外的一般玻璃仪器，其内、外壁均可用毛刷蘸去污粉擦洗。

仪器洁净的标志是：清洁透明，水沿器壁自然流下后不挂水珠。仪器每次使用后必须洗净放置，以备下次再用。

三、几种常用洗涤剂的配制

1. 铬酸洗液

铬酸洗液过去曾广泛使用，但由于六价铬有毒，污染环境，近年来逐渐减少使用。其配制方法如下：称取 20 g $K_2Cr_2O_7$(工业纯)放于 1 000 mL 烧杯中，加水 40 mL，加热溶解、冷却，边搅拌边缓缓加入 360 mL 浓 H_2SO_4(工业纯)，冷却后储存于玻璃瓶中，待用。

注意：(1)加浓 H_2SO_4 时放出大量的热，甚至引起局部沸腾，故浓 H_2SO_4 应边搅拌边缓慢加入。(2)铬酸洗液具有强氧化性，易灼伤皮肤，烧烂衣服，使用时必须十分小心。

2. 合成洗涤剂

合成洗涤剂用于一般洗涤，将合成洗涤粉用热水配成浓溶液。

3. $NaOH-KMnO_4$ 溶液

$NaOH-KMnO_4$ 溶液用于洗涤油污及有机化合物。4 g $KMnO_4$(工业纯)溶于少量水中，缓缓加入 100 mL 10% NaOH (洗涤后若仪器壁上附着 MnO_2，可用 Na_2SO_3 或 HCl-$NaNO_2$ 洗去)。

4. KOH 乙醇溶液

KOH 乙醇溶液用于洗涤油污，一般配成一定的质量浓度。

5. HNO_3 乙醇溶液

HNO_3 乙醇溶液用于洗涤油污及有机化合物。常用来洗涤酸式滴定管内油污。使用时先在滴定管中加 3 mL 乙醇，再沿内壁加入 4 mL 浓 HNO_3，用橡胶滴头盖住滴定管口，保留一段时间，产生大量 NO_2，即可除去油污及其他有机化合物。

四、实验步骤

1. 熟悉仪器名称、规格，清点数量，检查质量，若数量不足或有破损，应先补足后洗涤。

2. 洗涤：滴定管、移液管、容量瓶、小滴管等小口径仪器，先用自来水冲洗、沥干水分，并用适当洗涤剂润洗内壁（必要时需浸泡），洗液从下嘴放出，回收洗液到贮瓶中，然后用自来水充分冲洗，并检查有无挂水珠，若挂水珠表明尚未洗净，需重新洗涤至不挂水珠。最后用蒸馏水吹洗内壁 2~3 次即可使用。

除上述仪器之外，均系大口径仪器，洗涤时先用自来水冲洗，再用毛刷蘸去污粉擦洗内外壁，以自来水充分冲洗，检查有无水珠，若已不挂水珠，再用蒸馏水冲洗 2~3 次即可使用。

3. 检查漏水

（1）滴定管的旋塞（或玻璃珠部分）应不漏水，且要求转动灵活。检查漏水的方法如下。

①酸式滴定管检查：滴定管内装水至零刻度以上，赶走下端气泡，竖直夹于滴定管架上，观察 2 min 是否漏水，将旋塞旋转 180°，继续观察 2 min，若两次均不漏水，且转动灵活即可使用。若漏水或转动不灵活，则需重涂凡士林。涂凡士林的方法是：拔出旋塞，用滤纸吸干旋塞及塞槽，在活塞孔两端涂上薄薄一层凡士林，孔旁两侧可不涂或尽量少涂，以防堵住。旋塞插入塞槽，向同一方向旋转至凡士林成均匀透明薄膜。再次检查是否漏水，若不漏水，且转动灵活即可使用。

②碱式滴定管检查：装水至零刻度以上，赶走下端气泡，直夹于滴定管架上，观察 2 min。若漏水，则选择与乳胶管大小适配且圆滑的玻璃珠，塞入乳胶管内，可避免漏水。

（2）容量瓶漏水检查：用水充满至标线，塞上塞子，左手食指按住瓶塞，右手手指托住瓶底，倒立 2 min。再将瓶塞转 180°，倒立 2 min。若两次均不漏水，即可使用；若漏水则需调换容量瓶。

五、实验完毕

擦净仪器柜，将仪器整齐排列于柜中。容量瓶需要打开瓶塞，倒立放置，沥干水分。清理台面，实验完毕。

六、问题讨论

1. 仪器洁净的标志是什么？

2. 滴定管、容量瓶内壁为什么不能用一般毛刷蘸去污粉擦洗？

七、实验预习报告及实验报告的撰写

1. 课前按照老师的要求撰写实验预习报告，见附件 1。

2. 实验结束撰写实验报告，见附件 2。

附件1

实验预习报告

实验名称：应用化学实验常用玻璃仪器的准备

班　　级：________

姓　　名：________

同 组 人：________

日　　期：________

场　　地：________

得　　分：________

一、实验方法及原理

二、仪器

三、主要实验步骤

四、问题及讨论（围绕方法要点或老师课前提出的问题讨论）

附件2

实验报告

实验名称：应用化学实验常用玻璃仪器的准备

班　　级：______

姓　　名：______

同 组 人：______

日　　期：______

场　　地：______

得　　分：______

一、实验方法及原理

二、实验操作

三、问题讨论

1. 仪器洁净的标志是什么？

2. 滴定管、容量瓶内壁为什么不能用一般毛刷蘸去污粉擦洗？

学习情境3　电子分析天平及其使用方法

3.1　分析天平概述

通常分析天平是指能够称量到万分之一克(即 0.1 mg)的天平。分析天平根据分度值(即最小刻度值)大小,可分为常量分析天平(0.1 mg)、半微量分析天平(0.01 mg)和微量分析天平(0.001 mg)等;根据构造,可分为机械分析天平和电子分析天平。

机械分析天平是根据杠杆原理制成的称量仪器,有等臂天平和不等臂天平两类。随着电子技术的发展,机械分析天平的使用逐渐减少,电子分析天平则更为广泛。电子分析天平通过电子装置完成电磁力补偿的调节,使物体在重力场中实现力的平衡;或通过电磁力矩的调节,使物体在重力场中实现力矩的平衡。电子分析天平可在全量程范围内实现净重显示、单位转换、称量计数、超载显示、故障报警等;同时可将质量电信号输出,与打印机、计算机等连接,实现称量、记录和结果计算的全自动化处理。

3.2　电子分析天平的基本结构

电子分析天平是应用现代电子控制技术进行称量的天平。与机械分析天平相比,电子分析天平操作简便,称量快速,易于维护。各种电子分析天平的控制方式和电路结构不尽相同,但其称量的依据都是电磁力平衡原理。现以 OHAUS ADVENTURER 系列电子分析天平为例说明其结构及使用。

OHAUS ADVENTURER 系列电子分析天平如图 3-1 所示。天平包括天平本体和防风罩。天平本体包括底座和称量盘,防风罩包括三个拉门。底座的前侧设置有显示屏、操作按钮、水平仪(显示天平是否水平)。

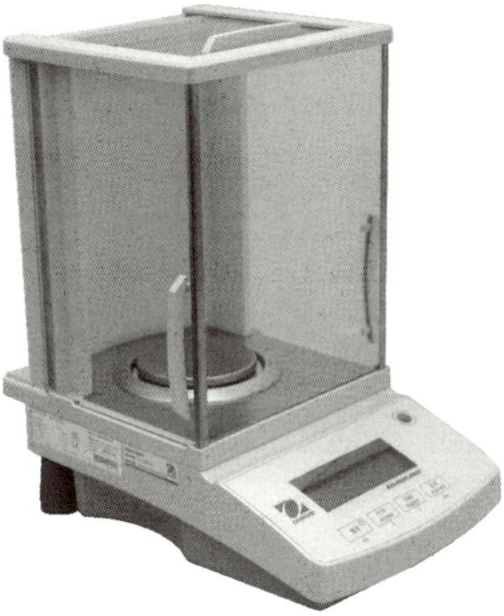

图 3-1　OHAUS ADVENTURER 系列电子分析天平

3.3　电子分析天平的使用

3.3.1　检查

取下防尘罩,检查天平是否水平。观察水平仪中的气泡是否处于正中间,如未处于正中间,需要调节天平四角的水平调节指轮,直至气泡处于水平仪正中间,如图 3-2 和图 3-3 所示。

图 3-2　水平仪示意图

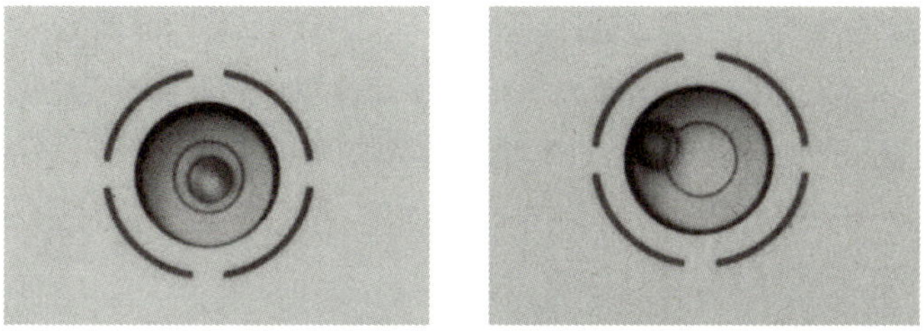

(a)天平水平　　(b)天平未水平,需调节

图 3-3　水平仪实物图

3.3.2　开机

称量前接通电源,开启显示器,预热 30 min (或按说明书要求预热)。

3.3.3　校准

首次使用天平时,须校准;将天平从一地移到另一地使用时,或在使用一段时间(30 d 左右)后,应重新校准。

操作步骤如下。

(1)长按按键区域中“去皮/菜单-校准”键,如图 3-4 所示。

(2)按“置零”键进入校准菜单。不断按“打印”键,直至显示“量程校准”。

(3)按“置零”键,开始校准。按照屏幕上显示的所需使用的校准质量,在称量盘上放置相应的校准砝码。

(4)关闭天平门。根据屏幕提示,移走砝码。校准完成。

图 3-4　电子分析天平按键区域

【动画:电子分析天平的构造及校准】

3.3.4　称量

操作步骤如下。

(1)按图 3-4 按键区域中“置零”键,打开显示器。

(2)长按“功能/称量模式”键,选择“基本称量”。按“置零”键调零。

(3)打开天平门,轻轻将待称量物放入称量盘正中间,关闭天平门。

(4)待数字稳定,显示稳定符号“ * ”,稳定显示的数字即为被称量物的质量。若需要去皮称量,先将容器置于称量盘上,示数为容器的质量,按“去皮”键,显示 0. 000 0 g,即去皮重。再将待测物放置于容器中,进行称量、读数。

(5)称量结束后,关闭开关,取下被测物,清扫天平,关闭天平门。当天不再使用应拔下电源插头,盖好天平罩。

3.3.5　维护

污染时用含少量中性洗涤剂的柔软布擦拭。不可用强溶解剂擦洗,勿用有机溶剂和化纤布。称量盘可以取下清洗,待充分干燥后再装到天平上。

3.4　电子分析天平的称量方法

3.4.1　直接称量法

用于称量某一物体的质量。天平零点调好后，将被称量物品直接放在称量盘中央，关闭天平，所得读数即为被称量物品的质量。直接称量法适用于称量洁净干燥的不易潮解或升华的固体样品。

3.4.2　固定质量称量法（增量法）

固定质量称量法又称增量法，多用于称量待测定的粉末试样和液体试样。先放入承接容器（如表面皿、小烧杯等），按“置零”键归零，再用药匙将粉末试样慢慢加入承接容器。加入试样时，小心地将盛有试样的药匙伸向承接容器上方 1~2 cm 处，用拇指、中指及掌心拿稳，用食指轻轻敲击勺柄，将试样慢慢抖入容器中。抖入试样的同时，观察显示屏示数，临近所需质量时，关闭天平门，读数即为试样量。

图 3-5　电子分析天平的称量方法——增量法（视频）

若加入试样时不慎过量太多，不允许用药匙从承接容器中舀出多余的试样，应取出承接容器，废弃试样，重新称量。

电子分析天平的称量方法——增量法视频可扫描图 3-5 观看学习。

3.4.3　差减称量法（减量法）

差减称量法又称减量法，主要用于基准试剂和标准试样的称量。称量试样时，试样应装在称量瓶内。称量瓶是具有磨口塞的玻璃器皿，有高型和矮型两种。高型称量瓶（图 3-6）常用于称量防止吸收水分和 CO_2 的试样；矮型称量瓶常用于测定试样的水分。

差减称量法的操作步骤如下。先将被称量的基准试剂或标准试样放入洁净的称量瓶中，在 105 ℃的烘箱中开盖烘干 2 h，于干燥器中冷却到室温，然后用洁净的纸条套住瓶身中部（图 3-7）取出，放在天平称量盘的正中间，用直接称量法称得其质量为 m_1，记录读数。用纸条套住取出称量瓶，左手拿瓶在承接试样的容器（烧杯或锥形瓶）上方，右手用小纸片包住瓶盖柄，打开瓶盖。将称量瓶慢慢倾斜，同时用瓶盖轻轻敲击瓶口上部（图 3-8），使试样逐渐落入容器内。当估计倾出的试样已达到所要求的质量（例如 0.5~0.6 g）时，慢慢将称量瓶竖起，仍不断用瓶盖轻轻敲击瓶口，使黏附在瓶口上的试样落入瓶内，盖好瓶盖，把称量瓶放回天平称量，设此时称得质量为 m_2，则称出试样的质量为 m_1-m_2。如果一次倾出的试样质量不够，可再次倾倒，直到满足质量要求后，再记录准确称量的读数。

电子分析天平的称量方法——减量法视频可扫描图 3-9 观看学习。

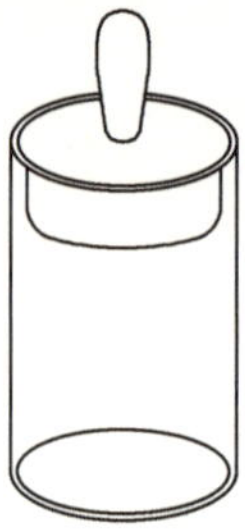

图 3-6　高型称量瓶

图 3-7　称量瓶拿法

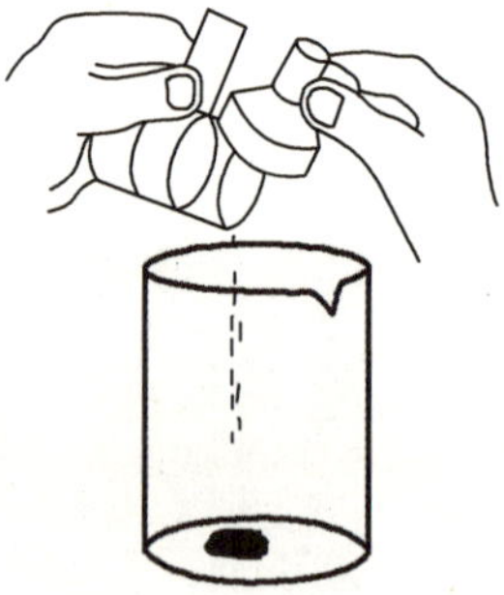

图 3-8　敲击倾出试样

图 3-9　电子分析天平的称量方法——减量法（视频）

若需要连续称取几份试样，可再次倾出一定量的试样于另一容器中，再次称量，称得质量设为 m_3，则（m_2-m_3）为第 2 次倾出物的质量。以此类推，即可用减量法称取多份需要平行测定的试样。

需要注意的是，如果倾出试样量超过所需质量，只能弃去重称。不可将倾出的试样倒回称量瓶中，以免沾污试样。

实验二　电子分析天平的使用及称量练习

一、实验目的

1. 了解电子分析天平构造及称量原理，熟悉电子分析天平有关术语及其定义。
2. 准确掌握称量方法及基本操作。
3. 掌握测定数据的记录方法。

二、实验原理

电子分析天平是近年来迅速发展并全面替代传统分析天平（阻尼天平、半自动电光天平、全自动电光天平）的。它具有功能多、平衡快、体积小、质量小、操作简便等特点。

电子分析天平通过电子装置完成电磁力补偿的调节，使物体在重力场中实现力的平衡；或通过电磁力矩的调节，使物体在重力场中实现力矩的平衡。电子分析天平变动性一般为 0.1 mg。

常用的称量方法包括直接称量法、增量法和减量法。其中“减量法”较为常用，它适用于称量易吸水、易氧化、易吸收 CO_2 的物质。

三、仪器试剂

电子分析天平、表面皿、称量瓶、烧杯（100 mL、250 mL）、牛角勺、石英砂、无水碳酸钠粉末或其他供称量练习用试样。

四、实验步骤

1. 了解电子分析天平的基本结构

（见学习情境 3 第 3.2 节）

2. 电子分析天平的使用

（1）检查天平，调节水平

取下天平罩，折叠放好。检查天平各部分是否正常。观察水平仪中的气泡是否处于正中间，如未处于正中间，需要调节天平四角的水平调节指轮，直至气泡位于水平仪正中间。

（2）开机

称量前接通电源，开启显示器，预热 30 min（或按说明书要求预热）。

（3）校准

首次使用天平时，须校准；将天平从一地移到另一地使用时，或在使用一段时间（30 天左右）后，应重新校准。

电子分析天平的校准视频可扫描图 3-10 观看学习。

图 3-10　电子分析天平的校准（视频）

(4)称量

①调零点。

②打开天平门，轻轻将待称量物放入称量盘正中间，关闭天平门。

③读数并记录。显示器稳定显示的数字即为被称量物的质量。若需要去皮称量，先将容器置于称量盘上，示数为容器的质量，按“去皮”键，显示 0.000 0 g，即去皮重。再将待测物放置于容器中，进行称量、读数、记录。

④称量结束后，关闭开关，取下被测物，清扫天平，关闭天平门。当天不再使用应拔下电源插头，盖好天平罩。

3. 称量练习

(1)直接称量法练习

用直接称量法称量表面皿、称量瓶质量，称量数据记录到表 3-1 中。

(2)增量法练习

用已经准确称量过的表面皿做增量法练习，准确称取 0.2~0.25 g 试样，并转移到烧杯中。要求经练习后速度能达到 2 min 内完成一份试样的称量。将其中的两次称量数据记录到表 3-2 中。

(3)减量法练习

用已装有试样的称量瓶做减量法练习，准确称取 0.5~0.6 g 试样，并转移到承接烧杯中。要求经练习后速度能达到 3 min 内完成一份试样的称量。将其中两次称量数据记录到表 3-3 中。

五、数据记录及处理

1. 直接称量法（表 3-1）

表 3-1　直接称量法称量记录

项目	1	2	3
表面皿质量/g			
称量瓶质量/g			

2. 增量法(表 3-2)

表 3-2　增量法称量记录

项目	1	2	3
表面皿质量/g			
(表面皿+试样)质量/g			
试样质量/g			

3. 减量法(表 3-3)

表 3-3　减量法称量记录

项目	1	2	3
(称量瓶+试样)质量 m_1/g			
(称量瓶+试样)质量 m_2/g			
取出的试样质量(m_1-m_2)/g			

六、问题讨论

1. 用电子分析天平准确称取 2 g 河沙试样,应记录几位有效数字?

2. 要使在电子分析天平上的称量误差小于 0.1% (天平的称量误差为±0.000 1 g),则至少应称取试样多少克?

七、实验预习报告及实验报告的撰写

1. 课前按照老师的要求撰写实验预习报告,见附件 1。

2. 实验结束撰写实验报告,见附件 2。

附件 1

实验预习报告

实验名称：电子分析天平的使用及称量练习

班　　级：________________

姓　　名：________________

同 组 人：________________

日　　期：________________

场　　地：________________

得　　分：________________

一、实验方法及原理

二、仪器、试剂

三、主要实验步骤

四、问题及讨论(围绕方法要点或老师课前提出的问题讨论)

附件 2

实验报告

实验名称：电子分析天平的使用及称量练习

班　　级：______________________

姓　　名：______________________

同 组 人：______________________

日　　期：______________________

场　　地：______________________

得　　分：______________________

一、实验方法及原理

二、实验数据记录及处理

1. 直接称量法(表1)

表1 直接称量法称量记录

项目	1	2	3
表面皿质量/g			
称量瓶质量/g			

2. 增量法(表2)

表2 增量法称量记录

项目	1	2	3
表面皿质量/g			
(表面皿+试样)质量/g			
试样质量/g			

3. 减量法(表3)

表3 减量法称量记录

项目	1	2	3
(称量瓶+试样)质量 m_1/g			
(称量瓶+试样)质量 m_2/g			
取出的试样质量(m_1-m_2)/g			

三、问题讨论

1. 用电子分析天平准确称取 2 g 河沙试样,应记录几位有效数字?

2. 要使在电子分析天平上的称量误差小于 0.1%(天平的称量误差为±0.000 1 g),则至少应称取试样多少克?

学习情境4 溶液及其配制

4.1 一般溶液的配制

4.1.1 直接水溶法

适用于易溶于水而不易水解的固体试剂,如 NaCl、KCl、NH_4NO_3 等。配制时先计算所需固体试剂的质量,用台秤或分析天平称出,放入烧杯中,以少量蒸馏水搅拌溶解后,再稀释至所需的体积。若试剂溶解时有放热现象,或以加热促使其溶解的,应待其冷却后,再移至试剂瓶或容量瓶中,贴上标签备用。

4.1.2 介质水溶法

对易水解的固体试剂如 $FeCl_3$、$SbCl_3$、$BiCl_3$ 和 $SnCl_2$ 等,配制其溶液时,称取一定量的固体加入适量的酸(或碱)使之溶解,再以蒸馏水稀释至所需体积,摇匀后移入试剂瓶。在水中溶解度较小的固体试剂(如固体 I_2),可选用 KI 水溶液溶解,摇匀移入试剂瓶。

4.1.3 稀释法

对于液态试剂,如盐酸、硫酸等,配制其稀溶液时,用量筒量取所需浓溶液的量,再用适量的蒸馏水稀释。配制硫酸溶液时,需特别注意,应在不断搅拌下将浓硫酸缓缓倒入盛有适量水的容器中,切不可颠倒操作顺序。

易发生氧化还原反应的溶液,如 $SnCl_2$、$FeSO_4$ 溶液等,为防止其在保存期间失效,应分别在溶液中放入一些锡粒和铁粉。见光易分解的试剂溶液要注意避光保存,如 $AgNO_3$、$KMnO_4$、KI 等溶液应储存于棕色容器中。

4.2　标准溶液的配制

标准溶液是滴定分析中具有准确浓度的溶液，用于滴定待测试样。其配制方法有直接配制法和间接配制法两种。

4.2.1　直接配制法

直接配制法指用基准试剂直接配制标准溶液。通过准确称取一定量基准试剂，溶解后定量移入容量瓶，用蒸馏水稀释至刻度，混合均匀制得。例如，$K_2Cr_2O_7$ 标准溶液，用直接称量基准 $K_2Cr_2O_7$ 的方法配制。根据所称取基准试剂的质量和盛装容量瓶的体积，计算出该溶液的准确浓度值。

4.2.2　间接配制法

有些试剂不具备作为基准试剂的条件，不能直接用来配制已知其准确浓度值的标准溶液，可采用间接配制法。间接配制法又称标定法，将试剂先配成一种近似于所需浓度的溶液，后用另一种基准试剂（或已知准确浓度的另一种标准溶液）来标定它的准确浓度，例如HCl 试剂易挥发，欲配制浓度为 0.100 0 mol/L 的 HCl 标准溶液时，不能采用直接配制法。先将浓 HCl 配制成浓度大约为 0.1 mol/L 的稀溶液，然后称取一定量的基准试剂（如硼砂）对其进行标定，或用已知准确浓度的 NaOH 标准溶液进行标定，求出 HCl 溶液的准确浓度。

用基准试剂标定时，可采用下列两种方式。

1. 称量法

准确称取 3 份基准试剂（当用待标定溶液滴定时，以每份需滴定该溶液 25 mL 左右来计算出每份基准试剂的称取质量），分别溶于适量水中，用待标定溶液滴定。根据待标定溶液所消耗的体积，计算其准确浓度。

2. 移液管法

准确称取质量较大的一份基准试剂，在容量瓶中配成一定体积的溶液，然后用移液管移取该溶液 3 份，分别用待标定的溶液滴定，根据待标定溶液所消耗的体积，计算出待标定溶液的准确浓度。

该方法的优点在于一次称取质量较大的基准试剂，可做几次平行标定，既节约称量时间，又降低称量相对误差。但要注意，为了保证移液管移取溶液体积的准确度，必须先进行容量瓶与移液管之间的体积相对校准。

实际工作中，特别是在企业实验室，常采用“标准试样”来标定标准溶液的浓度。“标准试样”含量是已知的，其组成与被测物质相近，分析过程中的系统误差可以抵消，结果准确度较高。

标定好的标准溶液应妥善保存，根据其不同性质选择合适的容器，或采取避光、防吸水等必要措施。例如 $AgNO_3$ 标准溶液应储存于棕色瓶中，碱性标准溶液最好用聚乙烯类塑料瓶存放，对较不稳定的标准溶液，存放一定时期后，使用前应重新标定。

常用标准溶液的配制与标定见后续学习情境及实验。

学习情境 5 酸碱滴定法

【学习引导】酸碱滴定法概述

酸碱滴定法是以酸碱反应为基础的滴定分析方法，可用来测定各种酸、碱以及能够与酸、碱发生反应的物质，还可以用间接法测定一些既非酸又非碱的物质，是应用广泛的滴定分析方法。

在本学习情境中，我们选取了 3 个具有代表性的实验：NaOH 标准溶液的配制和标定、食用白醋总酸度的测定及混合碱中 NaOH 和 Na_2CO_3 含量的测定（双指示剂法），通过实验，帮助初学者掌握酸碱标准溶液的配制和标定，酸碱滴定法的方法、原理及基本操作。

实验三　NaOH 标准溶液的配制和标定

一、实验目的

1. 掌握 NaOH 标准溶液的配制和标定方法。

2. 熟练掌握滴定操作，正确判断滴定终点。

二、实验原理

固体 NaOH 具有很强的吸湿性，容易吸收 CO_2 和水分，生成少量 Na_2CO_3，且固体 NaOH 含有少量的硅酸盐、硫酸盐和氯化物等，因而不能直接配制成标准溶液，只能用间接法配制成所需浓度的溶液，再用基准物标定其准确浓度。

本实验选用邻苯二甲酸氢钾作为基准物质来标定 NaOH 标准溶液。邻苯二甲酸氢钾的分子式为 $C_8H_4O_4HK$，属有机弱酸盐，在水溶液中呈酸性，因 $cK_a^{\ominus}>1.0\times10^{-8}$，故可用 NaOH 溶液滴定。邻苯二甲酸氢钾与 NaOH 的反应式如下。

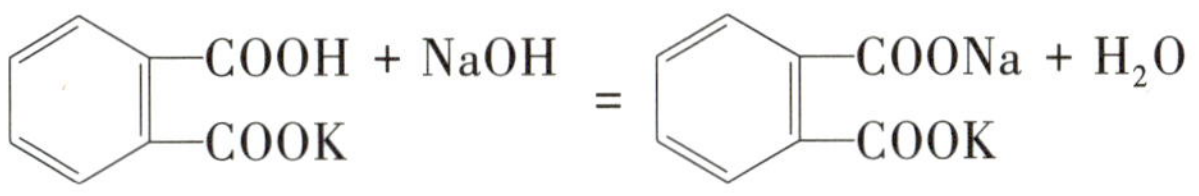

滴定的产物是邻苯二甲酸钾钠，化学计量点时 pH = 9.12，可选用酚酞或百里酚蓝为指示剂。

三、主要仪器及试剂

1. 分析天平（200 g，0.1 mg）、表面皿（6 cm 或 9 cm）、量筒（100 mL 或 250 mL）、烧杯（400 mL）、塑料试剂瓶（500 mL）、碱式滴定管（50 mL）、称量瓶（25 mL）、锥形瓶（250 mL）。

2. 固体氢氧化钠（AR）。

3. 酚酞（10 g/L）：称取 1 g 酚酞，溶于 95%乙醇，用 95%乙醇稀释至 100 mL。

4. 邻苯二甲酸氢钾（GR）：于 105～110 ℃电热干燥箱中干燥至恒重。

四、实验步骤

1. 500 mL 0.1 mol/L NaOH 标准溶液的配制

首先计算出所需 NaOH 固体的质量，然后按固体试剂取用规则，在托盘天平上用表面皿（不能用纸）称取 NaOH，倒入烧杯中加入少量蒸馏水，搅拌使其完全溶解，加入不含二氧化碳的蒸馏水稀释至 500 mL，待溶液冷却后，转入的塑料试剂瓶中，贴上标签，备用。

2. 0. 1 mol/L NaOH 标准溶液的标定

用称量瓶称取 0. 6~0. 7 g(称准至 0. 000 1 g)已于 105~110 ℃电热干燥箱中干燥至恒重的邻苯二甲酸氢钾，置于 250 mL 锥形瓶中，加 50 mL 无二氧化碳的蒸馏水溶解，加 2 滴酚酞指示剂，用配制好的 NaOH 溶液滴定至溶液呈粉红色，并保持 30 s 不褪色为终点，记下消耗的体积，平行标定 3 次。同时做空白试验。

NaOH 标准溶液的标定视频可扫描图 5-1 观看学习。

图 5-1 NaOH 标准溶液的标定(视频)

五、数据记录及处理

1. NaOH 标准溶液的标定实验数据记录见表 5-1。

表 5-1 实验数据记录

项目		0(空白)	1	2	3
基准物(KHP)的称量	(称量瓶+基准物)质量 m_1/g				
	(称量瓶+基准物)质量 m_2/g				
	基准物(KHP)质量/g				
滴定管初读数/mL					
终点时滴定管读数/mL					
消耗 NaOH 标准溶液体积/mL					
NaOH 标准溶液浓度 c(NaOH)/(mol · L^{-1})					
平均值 $\bar{c}$(NaOH)/(mol · L^{-1})					
相对极差/%					

2. 结果计算(计算公式由学生课前自行推导)

NaOH 标准溶液的浓度计算。

六、问题讨论

1. 本实验中配制 0. 1 mol/L NaOH 标准溶液 500 mL，应称取 NaOH 多少克？

2. 溶解邻苯二甲酸氢钾基准试剂，加 50 mL 无二氧化碳的蒸馏水，用量筒量取还是用滴定管加入，为什么？

3. 以邻苯二甲酸氢钾基准试剂标定 NaOH 溶液，可否选用甲基橙作指示剂，为什么？

4. 本实验中标定 NaOH 标准溶液时，准确称取 0. 6~0. 7 g 邻苯二甲酸氢钾基准试剂，称量范围是如何确定的？

七、实验预习报告及实验报告的撰写

1. 课前按照老师的要求撰写实验预习报告，见附件 1。

2. 实验结束撰写实验报告，见附件 2。

附件1

实验预习报告

实验名称：NaOH 标准溶液的配制和标定

班　　级：________________

姓　　名：________________

同 组 人：________________

日　　期：________________

场　　地：________________

得　　分：________________

一、实验方法及原理

二、仪器、试剂

三、主要实验步骤

四、问题及讨论(围绕方法要点或老师课前提出的问题讨论)

附件2

实验报告

实验名称：NaOH 标准溶液的配制和标定

班　　级：________________

姓　　名：________________

同 组 人：________________

日　　期：________________

场　　地：________________

得　　分：________________

一、实验方法及原理

二、实验数据记录及处理

NaOH 标准溶液的标定实验数据记录及处理见表 1。

表 1　实验数据记录及处理

<table>
<tr><th colspan="2">项目</th><th>0(空白)</th><th>1</th><th>2</th><th>3</th></tr>
<tr><td rowspan="3">基准物(KHP)的称量</td><td>(称量瓶+基准物)质量 m_1/g</td><td></td><td></td><td></td><td></td></tr>
<tr><td>(称量瓶+基准物)质量 m_2/g</td><td></td><td></td><td></td><td></td></tr>
<tr><td>基准物(KHP)质量/g</td><td></td><td></td><td></td><td></td></tr>
<tr><td colspan="2">滴定管初读数/mL</td><td></td><td></td><td></td><td></td></tr>
<tr><td colspan="2">终点时滴定管读数/mL</td><td></td><td></td><td></td><td></td></tr>
<tr><td colspan="2">消耗 NaOH 标准溶液体积/mL</td><td></td><td></td><td></td><td></td></tr>
<tr><td colspan="2">NaOH 标准溶液浓度计算公式</td><td colspan="4"></td></tr>
<tr><td colspan="2">NaOH 标准溶液浓度 c(NaOH)/(mol · L^{-1})</td><td></td><td></td><td></td><td></td></tr>
<tr><td colspan="2">平均值$\bar{c}$(NaOH)/(mol · L^{-1})</td><td colspan="4"></td></tr>
<tr><td colspan="2">相对极差/%</td><td colspan="4"></td></tr>
</table>

三、问题讨论

1. 本实验中配制 0.1 mol/L NaOH 标准溶液 500 mL,应称取 NaOH 多少克?

2. 溶解邻苯二甲酸氢钾基准试剂，加 50 mL 无二氧化碳的蒸馏水，用量筒量取还是用滴定管加入，为什么？

3. 以邻苯二甲酸氢钾基准试剂标定 NaOH 溶液，可否选用甲基橙作指示剂，为什么？

4. 本实验中标定 NaOH 标准溶液时，准确称取 0.6~0.7 g 邻苯二甲酸氢钾基准试剂，称量范围是如何确定的？

实验四　食用白醋总酸度的测定

一、实验目的

1. 进一步熟练滴定管、容量瓶、移液管的使用方法和滴定操作技术。
2. 掌握强碱滴定弱酸的反应原理及指示剂的选择。
3. 掌握食用白醋总酸度的测定方法。

二、实验原理

食用白醋的主要成分是醋酸，此外还含有少量的其他弱酸如乳酸等。醋酸，也叫乙酸，化学式为 CH_3COOH，简写为 HAc，是一种一元弱酸，HAc 的离解常数为 1.8×10^{-5}，故可在水溶液中，用 NaOH 标准溶液直接准确滴定。其滴定反应式为

$$HAc+NaOH \Longrightarrow NaAc+H_2O$$

滴定至化学计量点时溶液的 pH 值为 8.72。用 0.1 mol/L 的 NaOH 标准溶液滴定时，突跃范围约为 pH = 7.7 ~ 9.7，因此选用酚酞作指示剂，其终点由无色到微红色（30 s 内不褪色）。由于空气中的 CO_2 能使酚酞红色褪去，故应在摇匀后红色在 30 s 内不褪色即可。

【动画：食用白醋总酸度的测定原理】

测定时，不仅醋酸与 NaOH 作用，食醋中可能存在的其他各种形式的酸也与 NaOH 作用，所以测得的是总酸度，以醋酸的质量浓度（g/L）来表示。

三、仪器试剂

1. 仪器

分析天平、表面皿、量筒、烧杯、塑料试剂瓶、碱式滴定管、称量瓶、锥形瓶、玻璃棒。

2. 试剂

NaOH（AR）、酚酞指示剂、10 g/L 的乙醇溶液、邻苯二甲酸氢钾基准试剂、食用白醋。

四、实验步骤

1. 0.1 mol/L NaOH 标准溶液的配制和标定

（见学习情境 5 实验三）。

2. 食用白醋总酸度的测定

用少量食用白醋润洗移液管三次后，吸取 25.00 mL 食用白醋，于 250 mL 容量瓶中，用蒸馏水稀释至刻度，摇匀后待用。

将洗净的移液管用少量稀释后的试液润洗三次，然后吸取 25.00 mL 稀释后的试液，放

入 250 mL 锥形瓶中，加 1~2 滴酚酞指示剂。用 0.1 mol/L 的 NaOH 标准溶液滴定至溶液出现微红色 30 s 不褪色为止。平行测定三次，并做空白试验。根据消耗 NaOH 标准溶液的体积，计算食用白醋的总酸度。

图 5-2 食用白醋总酸度的测定(视频)

注意事项：

(1)取完食醋后应立即盖好试剂瓶，以防食醋挥发；

(2)测定醋酸含量时，所用纯水不能含有 CO_2，否则其溶于水生成的碳酸，将同时被滴定。

食用白醋总酸度的测定视频可扫描图 5-2 观看学习。

五、数据记录及处理

1. 食用白醋总酸度的测定实验数据记录见表 5-2。

表 5-2 实验数据记录

项目	0(空白)	1	2	3
移取食用白醋的体积/mL				
食用白醋稀释后总体积/mL				
移取食用白醋稀释液体积/mL				
滴定管初读数/mL				
终点时滴定管读数/mL				
消耗 NaOH 标准溶液体积/mL				
NaOH 标准溶液浓度计算公式				
食用白醋总酸度 $c(H^+)/(g\cdot L^{-1})$				
总酸度平均值 $\bar{c}(H^+)/(g\cdot L^{-1})$				
相对极差/%				

2. 结果计算(计算式由学生课前自行推导)

食用白醋总酸度的计算。

六、问题讨论

1. 滴定醋酸时为什么要用酚酞作指示剂？能否选用甲基橙或甲基红？
2. 如果 NaOH 标准溶液配制完成后在放置时吸收了 CO_2，测定结果会怎样？
3. 强碱滴定弱酸与强碱滴定强酸相比，滴定过程中 pH 变化有哪些不同点？

七、实验预习报告及实验报告的撰写

1. 课前按照老师的要求撰写实验预习报告，见附件 1。
2. 实验结束撰写实验报告，见附件 2。

附件 1

实验预习报告

实验名称:食用白醋总酸度的测定

班　　级:________________

姓　　名:________________

同 组 人:________________

日　　期:________________

场　　地:________________

得　　分:________________

一、实验方法及原理

二、仪器、试剂

三、主要实验步骤

四、问题及讨论（围绕方法要点或老师课前提出的问题讨论）

附件 2

实 验 报 告

实验名称：食用白醋总酸度的测定

班　　级：________________

姓　　名：________________

同 组 人：________________

日　　期：________________

场　　地：________________

得　　分：________________

一、实验方法及原理

二、实验数据记录及处理

食用白醋总酸度的测定实验数据记录及处理见表 1。

表 1 实验数据记录及处理

项目	0(空白)	1	2	3
移取食用白醋的体积/mL				
食用白醋稀释后总体积/mL				
移取食用白醋稀释液体积/mL				
滴定管初读数/mL				
终点时滴定管读数/mL				
消耗 NaOH 标准溶液体积/mL				
NaOH 标准溶液浓度 $c(NaOH)/(mol \cdot L^{-1})$				
食用白醋总酸度计算公式				
总酸度 $c(H^+)/(g \cdot L^{-1})$				
总酸度平均值 $\bar{c}(H^+)/(g \cdot L^{-1})$				
相对极差/%				

三、问题讨论

1. 滴定醋酸时为什么要用酚酞作指示剂？能否选用甲基橙或甲基红？

2. 如果 NaOH 标准溶液配制完成后在放置时吸收了 CO_2，测定结果会怎样？

3. 强碱滴定弱酸与强碱滴定强酸相比，滴定过程中 pH 变化有哪些不同点？

实验五 混合碱中 NaOH 和 Na_2CO_3 含量的测定(双指示剂法)

一、实验目的

1. 掌握 HCl 标准溶液的配制和标定方法。
2. 掌握双指示剂法测定混合碱中 NaOH 和 Na_2CO_3 含量的方法和原理。
3. 提高滴定操作的熟练程度。

二、实验原理

测定混合碱中 NaOH 和 Na_2CO_3 的含量,可在同一份试样中,用 HCl 标准溶液滴定,先后选用两种不同变色范围的指示剂来指示两个不同的滴定终点,该方法称为双指示剂法。

测定时,混合碱中 NaOH、Na_2CO_3 与 HCl 标准溶液的中和反应分两步完成。

第一步反应式如下:

$$NaOH+HCl \xlongequal{\quad} NaCl+H_2O$$

$$Na_2CO_3+HCl \xlongequal{\quad} NaHCO_3+NaCl$$

产物为 NaCl 和 $NaHCO_3$,此时溶液的 pH 约为 8.5,可选用酚酞指示剂(变色范围为 8.0~10.0),溶液由红色变到无色,指示第一步反应滴定终点的到达,消耗 HCl 标准溶液体积 V_1 mL。

第二步反应式如下:

$$NaHCO_3+HCl \xlongequal{\quad} NaCl+CO_2\uparrow+H_2O$$

产物为 NaCl 和 H_2CO_3,H_2CO_3 进一步分解为 CO_2 和 H_2O,此时溶液的 pH 约为 4.0,可选用甲基橙指示剂(变色范围为 3.1~4.4),溶液由黄色变到红色,指示第二步反应滴定终点到达,消耗 HCl 标准溶液体积 V_2 mL。

【动画:混合碱中 NaOH 和 Na_2CO_3 含量的测定原理】

根据两步滴定消耗的 HCl 标准溶液体积,可计算出混合碱中 NaOH 和 Na_2CO_3 的含量。

三、仪器试剂

1. 主要仪器

分析天平、量筒(10 mL、100 mL)、烧杯(250 mL)、试剂瓶(500 mL)、容量瓶(250 mL)、移液管(25 mL)、酸式滴定管(50 mL)、称量瓶(25 mL)、锥形瓶(250 mL)。

2. 主要试剂

(1)盐酸(ρ 为 1.19 g · mL^{-1},约 12 mol/L)。

(2)甲基橙指示剂 2 g/L:0.2 g 指示剂溶于 100 mL 蒸馏水中。

(3)酚酞指示剂 2 g/L 乙醇溶液:0.2 g 指示剂溶于 100 mL 60%乙醇中。

四、实验步骤

1. 500 mL 0.1 mol/L HCl 标准溶液的配制和标定

(1)配制

用洁净量筒量取 4 mL 浓 HCl,倒入预先装有适量水的试剂瓶中,加水稀释至 500 mL,盖好瓶塞,摇匀,贴上标签,待标定。注意浓盐酸易挥发,应在通风橱操作。

(2)标定

本实验采用无水 Na_2CO_3 为基准物质标定 HCl 标准溶液。由于 Na_2CO_3 容易吸收空气中的水分,因此采用市售基准试剂级的 Na_2CO_3 时应预先于 180 ℃下充分干燥,并保存在干燥器中。标定时发生的化学反应方程式如下:

$$Na_2CO_3+2HCl \xlongequal{} 2NaCl+CO_2\uparrow +H_2O$$

滴定至反应完全时,溶液的 pH 值为 3.89,选用甲基橙作指示剂。

用减量法准确称取 3 份无水碳酸钠,每份约 0.15~0.2 g,分别放在 250 mL 锥形瓶中,加 50 mL 水溶解,摇匀,加 1 滴甲基橙指示剂,用 HCl 溶液滴定到溶液刚好由黄色变为橙红色即为终点。由 Na_2CO_3 的质量及消耗的 HCl 标准滴定溶液的体积,计算 HCl 标准滴定溶液的浓度。平行测定 3 次,同时做空白试验,取三次平行测定结果的平均值为 HCl 标准滴定溶液的准确浓度值。

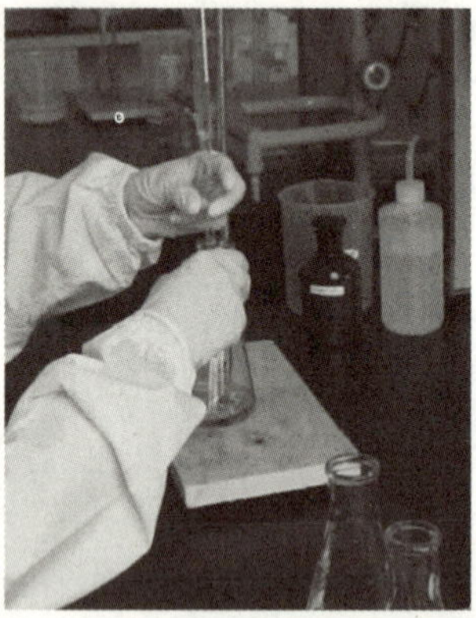

图 5-3　HCl 标准溶液的标定(视频)

HCl 标准溶液的标定视频可扫描图 5-3 观看学习。

2. 混合碱中 NaOH 和 Na_2CO_3 含量的测定

用称量瓶以减量法准确称取混合碱试样 1.3~1.5 g 于 250 mL 烧杯中,加入少量新煮沸的冷蒸馏水,搅拌使其完全溶解。然后转入 250 mL 容量瓶中,用新煮沸并冷却的蒸馏水稀释至刻度,充分摇匀。

用移液管吸取 25.00 mL 上述试液 3 份,分别置于 250 mL 锥形瓶中,加 50 mL 新煮沸的冷蒸馏水、1~2 滴酚酞指示剂,用 HCl 标准溶液滴定至溶液刚好由红色变为无色,为第一滴定终点,记下所消耗 HCl 标准溶液的体积 V_1。然后,再加 1~2 滴甲基橙指示剂于此溶液中,溶液呈黄色,继续用 HCl 标准溶液滴定,至溶液刚好由黄色变为橙红色,为第二滴定终点,记下所消耗 HCl 标准滴定溶液的体积 V_2。然后根据 V_1 和 V_2 计算试样中 NaOH 和 Na_2CO_3 的质量分数。平行测定 3 次,同时做空白试验,取三次平行测定结果的平均值为混合碱试样测定值。

图 5-4　混合碱中 NaOH 和 Na_2CO_3 含量的测定(视频)

混合碱中 NaOH 和 Na_2CO_3 含量的测定视频可扫描图 5-4 观看学习。

五、数据记录及处理

1. 数据记录

(1)0.1 mol/L HCl 标准溶液的标定实验数据记录见表 5-3。

表 5-3　实验数据记录

测定序号		0(空白)	1	2	3
基准物无水 Na_2CO_3 的称量	(称量瓶+基准物)质量 m_1/g				
	(称量瓶+基准物)质量 m_2/g				
	基准物无水 Na_2CO_3 质量/g				
滴定管初读数/mL					
终点时滴定管读数/mL					
消耗 HCl 标准溶液体积/mL					
HCl 标准溶液浓度计算公式					
HCl 标准溶液浓度 c(HCl)/($mol \cdot L^{-1}$)					
平均值$\bar{c}$(HCl)/($mol \cdot L^{-1}$)					
相对极差/%					

(2)混合碱 NaOH 和 Na_2CO_3 含量的测定实验数据记录见表 5-4。

表 5-4　实验数据记录

测定序号		0(空白)	1	2	3
混合碱试样的称量	(称量瓶+试样)质量 m_1/g				
	(称量瓶+试样)质量 m_2/g				
	混合碱试样质量/g				
移取稀释后混合碱溶液的体积/mL					
酚酞变色	滴定管初读数/mL				
	终点时滴定管读数/mL				
	消耗 HCl 标准溶液体积 V_1(HCl)/mL				
甲基橙变色	滴定管初读数/mL				
	终点时滴定管读数/mL				
	消耗 HCl 标准溶液体积 V_2/mL				
HCl 标准溶液的浓度 c(HCl)/($mol \cdot L^{-1}$)					

表 5-4(续)

测定序号		0(空白)	1	2	3
混合碱中各组分含量/%	w(NaOH)				
	$w(Na_2CO_3)$				
平均值/%	$\overline{w}$(NaOH)				
	$\overline{w}(Na_2CO_3)$				
相对极差/%	测定 NaOH				
	测定 Na_2CO_3				

2. 结果计算(计算公式由学生课前自行推导)

(1)HCl 标准溶液的浓度计算。

(2)混合碱试样中 NaOH 和 Na_2CO_3 含量的计算。

六、思考题

1. 若无水 Na_2CO_3 保存不当,吸水 1%,用此基准物质标定盐酸溶液浓度时,其结果有何影响?用此浓度测定试样,其影响如何?

2. 什么叫作混合碱?Na_2CO_3 和 $NaHCO_3$ 的混合物能不能采取“双指示剂法”测定其含量?测定结果的计算公式如何表示?

3. 测定时,达到第一滴定终点前,若由于滴定速度太快,摇动被滴定试液不均匀,致使滴入 HCl 局部过浓,导致 $NaHCO_3$ 部分转变为 H_2CO_3 并分解产生 CO_2 而损失,由此记录的 V_1,对测定结果有什么影响?

七、实验预习报告及实验报告的撰写

1. 课前按照老师的要求撰写实验预习报告,见附件 1。

2. 实验结束撰写实验报告,见附件 2。

附件 1

实验预习报告

实验名称：混合碱中 NaOH 和 Na_2CO_3 含量的测定（双指示剂法）

班　　级：______________________

姓　　名：______________________

同 组 人：______________________

日　　期：______________________

场　　地：______________________

得　　分：______________________

一、实验方法及原理

二、仪器、试剂

三、主要实验步骤

四、问题及讨论(围绕方法要点或老师课前提出的问题讨论)

附件 2

实 验 报 告

实验名称：混合碱中 NaOH 和 Na_2CO_3 含量的测定（双指示剂法）

班　　级：＿＿＿＿＿＿＿＿＿＿＿＿＿＿＿＿＿＿＿＿

姓　　名：＿＿＿＿＿＿＿＿＿＿＿＿＿＿＿＿＿＿＿＿

同 组 人：＿＿＿＿＿＿＿＿＿＿＿＿＿＿＿＿＿＿＿＿

日　　期：＿＿＿＿＿＿＿＿＿＿＿＿＿＿＿＿＿＿＿＿

场　　地：＿＿＿＿＿＿＿＿＿＿＿＿＿＿＿＿＿＿＿＿

得　　分：＿＿＿＿＿＿＿＿＿＿＿＿＿＿＿＿＿＿＿＿

一、实验方法及原理

二、实验数据记录及处理

1. 0.1 mol/L HCl 标准溶液的标定实验数据记录及处理见表 1。

表 1　实验数据记录及处理

测定序号		0(空白)	1	2	3
基准物无水 Na_2CO_3 的称量	(称量瓶+基准物)质量 m_1/g				
	(称量瓶+基准物)质量 m_2/g				
	基准物无水 Na_2CO_3 质量/g				
滴定管初读数/mL					
终点时滴定管读数/mL					
消耗 HCl 标准溶液体积/mL					
HCl 标准溶液浓度计算公式					
HCl 标准溶液浓度 $c(HCl)/(mol \cdot L^{-1})$					
平均值 $\bar{c}(HCl)/(mol \cdot L^{-1})$					
相对极差/%					

2. 混合碱中 NaOH 和 Na_2CO_3 含量的测定实验数据记录和处理见表 2。

表 2　实验数据记录及处理

测定序号		0(空白)	1	2	3
混合碱试样的称量	(称量瓶+试样)质量 m_1/g				
	(称量瓶+试样)质量 m_2/g				
	混合碱试样质量/g				
移取稀释后混合碱溶液的体积/mL					

表 2(续)

测定序号		0(空白)	1	2	3
酚酞变色	滴定管初读数/mL				
	终点时滴定管读数/mL				
	消耗 HCl 标准溶液体积 V_1(HCl)/mL				
甲基橙变色	滴定管初读/mL				
	终点时滴定管读数/mL				
	消耗 HCl 标准溶液体积 V_2(HCl)/mL				
HCl 标准溶液的浓度 c(HCl)/($mol \cdot L^{-1}$)					
混合碱中各组分含量/%	w(NaOH)的计算公式				
	w(NaOH)				
	$w(Na_2CO_3)$的计算公式				
	$w(Na_2CO_3)$				
平均值/%	$\overline{w}$(NaOH)				
	$\overline{w}(Na_2CO_3)$				
相对极差/%	测定 NaOH				
	测定 Na_2CO_3				

三、问题讨论

1. 若无水 Na_2CO_3 保存不当，吸水 1%，用此基准物质标定盐酸溶液浓度时，其结果有何影响？用此浓度测定试样，其影响如何？

2. 什么叫混合碱？Na_2CO_3 和 $NaHCO_3$ 的混合物能不能采取“双指示剂法”测定其含量？测定结果的计算公式如何表示？

3. 测定时，达到第一滴定终点前，若由于滴定速度太快，摇动被滴定试液不均匀，致使滴入 HCl 局部过浓，导致 $NaHCO_3$ 部分转变为 H_2CO_3 并分解产生 CO_2 而损失，由此记录的 V_1，对测定结果有什么影响？

学习情境 6　配位滴定法

【学习引导】配位滴定法概述

配位滴定法是以配位反应为基础的滴定分析方法，也称为络合滴定法。主要用于测定金属离子的含量，也可利用间接法测定其他离子的含量。配位滴定法有直接滴定法、间接滴定法、返滴定法和置换滴定法四种。采用不同的滴定方式，既可扩大配位滴定的应用范围，又可提高配位滴定的选择性。

配位滴定所使用的配位剂有无机和有机两大类，利用无机配位剂进行滴定有多年的历史，但无机配位滴定由于配位化合物不稳定、配位反应过程中有分级配位现象和配合物各级稳定常数相差较小等原因，发展受限。目前，配位滴定中常用的是含有氨羧基团有机配位剂，特别是乙二胺四乙酸(简称 EDTA)应用最为广泛。

本学习情境通过 EDTA 标准溶液的配制和标定、自来水硬度的测定 、复方氢氧化铝片中铝和镁的测定等实验，帮助大家学习掌握标准溶液的配制和标定方法，以及配位滴定的直接滴定法和返滴定法。

实验六　EDTA 标准溶液的配制和标定

一、实验目的

1. 掌握 EDTA 标准溶液的配制及标定方法。
2. 掌握铬黑 T 指示剂的使用条件和终点变化。
3. 了解缓冲溶液的作用。

二、实验原理

配位滴定中经常使用 EDTA 作为配位剂，配制 EDTA 标准溶液通常采用间接法，即先将 EDTA 配制成近似浓度的溶液，然后再用基准物质标定其准确浓度。EDTA 能和大多数金属离子形成 1∶1 的稳定配合物，因此可以用含有这些金属离子的基准物，在一定的酸度下，选择适当指示剂来标定 EDTA 溶液的浓度。

标定 EDTA 溶液的基准物质常用的有 Zn、Cu、Pb、$CaCO_3$、$MgSO_4 \cdot 7H_2O$ 等。本实验采用碳酸钙为基准物质，用铬黑 T 作指示剂，在 $NH_3 \cdot H_2O-NH_4Cl$ 缓冲溶液（pH = 10）中，标定 EDTA 溶液的准确浓度。其反应如下。

（1）滴定前

$$\underset{}{Ca^{2+}} + \underset{\text{（纯蓝色）}}{In^{3-}} \rightleftharpoons \underset{\text{（酒红色）}}{CaIn^{-}}$$

式中，In^{3-} 为金属指示剂。

（2）滴定开始至终点前

$$Ca^{2+} + Y \rightleftharpoons CaY$$

式中，Y 为 EDTA 在水溶液中存在状态 Y^{4-} 的简写。

（3）滴定终点

$$\underset{\text{（酒红色）}}{CaIn^{-}} + Y \rightleftharpoons CaY + \underset{\text{（纯蓝色）}}{In^{3-}}$$

滴定终点时，溶液从酒红色变到纯蓝色。

三、仪器和试剂

1. 主要仪器

电子分析天平、酸式滴定管（50 mL）、锥形瓶（250 mL）、容量瓶（250 mL）、烧杯（250 mL）、移液管（25 mL）、量筒（50 mL）、试剂瓶（500 mL）等。

2. 主要试剂

EDTA 二钠盐（AR），$CaCO_3$（基准）。

$NH_3 \cdot H_2O-NH_4Cl$ 缓冲溶液（pH = 10）：称 54 g NH_4Cl 溶于适量水中，加入 15 mol/L 氨水 370 mL，用蒸馏水稀释至 1 L。

铬黑 T 指示剂：将铬黑 T 与固体 NaCl 按质量 1∶100 混合，研磨混匀，贮于磨口试剂瓶中，置于干燥器内保存。

盐酸(1+1)：量取一定体积的蒸馏水于烧杯中，再量取相同体积的浓盐酸(分析纯)与蒸馏水混合搅拌均匀。

四、实验步骤

1. 0.01 mol/L EDTA 标准溶液的配制

(1)0.01 mol/L EDTA 标准溶液的配制

称取 1.0 g EDTA 二钠盐置于烧杯中，加 100 mL 水，微微加热并搅拌使其溶解完全，冷却后转入试剂瓶中，稀释至 250 mL，摇匀待标定。

(2)钙标准溶液配制

准确称取 $CaCO_3$ 0.25~0.3 g，置于 250 mL 烧杯中，加少量水润湿，盖上表面皿，从杯嘴沿玻璃棒滴加 10 mL HCl(1+1)溶液，使之完全溶解，加热煮沸，冷却后，定量转入 250 mL 容量瓶中，加水稀释至刻度，充分摇匀。计算钙标准溶液的准确浓度。

2. 0.01 mol/L EDTA 标准溶液的标定

用移液管移取 25.00 mL 钙标准溶液于 250 mL 锥形瓶中，加 25 mL 水、20 mL $NH_3·H_2O-NH_4Cl$ 缓冲溶液及少量铬黑 T 指示剂，摇匀后，用 EDTA 标准溶液滴定，滴至溶液由酒红色恰变为纯蓝色，即为终点。平行测定 3 份，同时做空白试验，然后计算 EDTA 标准溶液的准确浓度。

EDTA 标准溶液的标定视频可扫描图 6-1 观看学习。

图 6-1　EDTA 标准溶液的标定(视频)

五、数据记录及结果计算

1. 数据记录

(1)EDTA 标准溶液的标定实验数据记录见表 6-1。

表 6-1　实验数据记录

项目		0(空白)	1	2	3
基准物 $CaCO_3$的称量	(称量瓶+基准物)质量 m_1/g				
	(称量瓶+基准物)质量 m_2/g				
	基准物 $CaCO_3$ 质量/g				
$CaCO_3$ 溶解定容体积/mL					
Ca^{2+}标准溶液的浓度 $c(Ca^{2+})/(mol·L^{-1})$					
移取 Ca^{2+}标准溶液的体积/mL					
滴定管初读数/mL					
终点时滴定管读数/mL					
消耗 EDTA 标准溶液的体积/mL					

表 6-1(续)

项目	0(空白)	1	2	3
EDTA 标准溶液的浓度 c(EDTA)/($mol \cdot L^{-1}$)				
平均浓度$\bar{c}$(EDTA)/($mol \cdot L^{-1}$)				
相对极差/%				

2. 结果计算(计算公式由学生课前自行推导)

(1)钙标准溶液浓度的计算。

(2)EDTA 标准溶液的浓度计算。

六、问题讨论

1. EDTA 标准溶液能否采用直接法配制,为什么?

2. 本实验中标定 EDTA 标准溶液时,准确称取 0.25~0.3 g $CaCO_3$ 基准试剂称量范围是如何确定的?

七、实验预习报告及实验报告的撰写

1. 课前按照老师的要求撰写实验预习报告,见附件 1。

2. 实验结束撰写实验报告,见附件 2。

附件1

实验预习报告

实验名称：EDTA标准溶液的配制和标定

班　　级：____________________

姓　　名：____________________

同 组 人：____________________

日　　期：____________________

场　　地：____________________

得　　分：____________________

一、实验方法及原理

二、主要仪器、试剂

三、主要实验步骤

四、问题及讨论（围绕方法要点或老师课前提出的问题讨论）

附件2

实 验 报 告

实验名称：EDTA 标准滴定溶液的配制和标定

班　　级：________________

姓　　名：________________

同 组 人：________________

日　　期：________________

场　　地：________________

得　　分：________________

一、实验方法及原理

二、实验数据记录及处理

EDTA 标准溶液的标定实验数据记录及处理见表 1。

表 1　实验数据记录及处理

<table>
<tr><td colspan="2">项目</td><td>0(空白)</td><td>1</td><td>2</td><td>3</td></tr>
<tr><td rowspan="3">基准物 $CaCO_3$ 的称量</td><td>(称量瓶+基准物)质量 m_1/g</td><td colspan="4"></td></tr>
<tr><td>(称量瓶+基准物)质量 m_2/g</td><td colspan="4"></td></tr>
<tr><td>基准物 $CaCO_3$ 质量/g</td><td colspan="4"></td></tr>
<tr><td colspan="2">$CaCO_3$ 基准物溶解定容体积/mL</td><td colspan="4"></td></tr>
<tr><td colspan="2">Ca^{2+} 标准溶液的浓度计算公式</td><td colspan="4"></td></tr>
<tr><td colspan="2">Ca^{2+} 标准溶液的浓度 $c(Ca^{2+})/(mol \cdot L^{-1})$</td><td colspan="4"></td></tr>
<tr><td colspan="2">移取 Ca^{2+} 标准溶液的体/mL</td><td></td><td></td><td></td><td></td></tr>
<tr><td colspan="2">滴定管初读数/mL</td><td></td><td></td><td></td><td></td></tr>
<tr><td colspan="2">终点时滴定管读数/mL</td><td></td><td></td><td></td><td></td></tr>
<tr><td colspan="2">消耗 EDTA 标准溶液的体积/mL</td><td></td><td></td><td></td><td></td></tr>
<tr><td colspan="2">EDTA 标准溶液的浓度计算公式</td><td colspan="4"></td></tr>
<tr><td colspan="2">EDTA 标准溶液的浓度 $c(EDTA)/(mol \cdot L^{-1})$</td><td></td><td></td><td></td><td></td></tr>
<tr><td colspan="2">平均浓度 $\bar{c}(EDTA)/(mol \cdot L^{-1})$</td><td colspan="4"></td></tr>
<tr><td colspan="2">相对极差/%</td><td colspan="4"></td></tr>
</table>

三、问题及讨论

1. EDTA 标准溶液能否采用直接法配制，为什么？

2. 本实验中标定 EDTA 标准溶液时，准确称取 0.25~0.3 g $CaCO_3$ 基准试剂称量范围是如何确定的？

实验七　自来水总硬度的测定——配位滴定法

一、实验目的

1. 掌握配位滴定法测定水的总硬度的原理和方法。
2. 理解金属指示剂的作用原理。
3. 掌握配位滴定法的条件选择及指示剂终点的判断。

二、实验原理

测定水的硬度，一般采用 EDTA 配位滴定法。在 $pH \approx 10$ 的氨缓冲溶液中，用铬黑 T（EBT）做指示剂，用 EDTA 标准溶液滴定水中 Ca^{2+}、Mg^{2+} 总量，当溶液颜色由酒红色变为纯蓝色即到达终点，然后换算成相应的硬度单位。滴定时，Fe^{3+}、Al^{3+} 等干扰离子用三乙醇胺及酒石酸钾钠掩蔽，少量 Cu^{2+}、Pb^{2+}、Zn^{2+} 等则可用 Na_2S 或巯基乙酸等掩蔽。

滴定反应如下。

（1）滴定前

$$Mg^{2+} + \underset{(\text{纯蓝色})}{EBT} \rightleftharpoons \underset{(\text{酒红色})}{Mg\text{-}EBT}$$

（2）滴定时

$$Ca^{2+} + Y \rightleftharpoons \underset{(\text{无色})}{Ca\text{-}Y}$$

$$Mg^{2+} + Y \rightleftharpoons \underset{(\text{无色})}{Mg\text{-}Y}$$

（3）终点时

$$\underset{(\text{酒红色})}{Mg\text{-}EBT} + Y \rightleftharpoons Mg\text{-}Y + \underset{(\text{纯蓝色})}{EBT}$$

水的硬度大小是以 Ca、Mg 总量折算成每升水中含 CaO 的质量来表示，即 1 度（°）相当于 1 L 水中含有 10 mg CaO（表示为 1°＝10 mg/L CaO）。有时不折算成硬度，直接以每升水含有 CaO 的毫克数表示。

【动画：水的总硬度测定原理】

按照硬度的大小，可将水质分为软水（4°～8°）、硬水（16°～30°），少于 4°为很软水，大于 30°为很硬水，而 8°～10°为中等硬水，生活饮用水的硬度过高会影响肠胃的消化功能，我国生活饮用水卫生标准规定硬度不得超过 25 ℃。不同的工业部门对水的硬度要求不同，故测定水的硬度有很重要的实际意义。

三、仪器和试剂

1. 主要仪器

电子分析天平、酸式滴定管（50 mL）、锥形瓶（250 mL）、容量瓶（250 mL）、烧杯（250 mL）、移液管(25 mL)、量筒(50 mL)、试剂瓶(500 mL)等。

2. 主要试剂

EDTA 二钠盐(AR),三乙醇胺溶液(20%),$NH_3 \cdot H_2O-NH_4Cl$ 缓冲溶液(pH=10):称 54 g NH_4Cl 溶于适量水中,加 15 mol/L 的氨水 370 mL,用蒸馏水稀释至 1 L。

铬黑 T 指示剂:将铬黑 T 与固体 NaCl 按质量比 1∶100 混合,研磨混匀,贮于磨口试剂瓶中,置于干燥器内保存。

四、实验步骤

1. 0.01 mol/L EDTA 标准溶液配制和标定

(见学习情境 6 实验六)。

2. 自来水总硬度的测定

吸取水样 50 mL 于 250 mL 锥形瓶中,加入三乙醇胺溶液(20%)3 mL,摇匀后再加入 $NH_3 \cdot H_2O-NH_4Cl$ 缓冲溶液 5 mL 及少量铬黑 T 指示剂,摇匀后,用 EDTA 标准溶液滴定至溶液由酒红色变纯蓝色,即为终点。注意在接近终点时应慢滴多摇。记录消耗 EDTA 的体积,根据 EDTA 标准溶液的用量计算水样的总硬度,平行进行 3 次,同时做空白试验。计算结果时,把 Ca、Mg 总量折算成硬度(以 10 mg/L 计)。

自来水总硬度的测定视频可扫描图 6-2 观看学习。

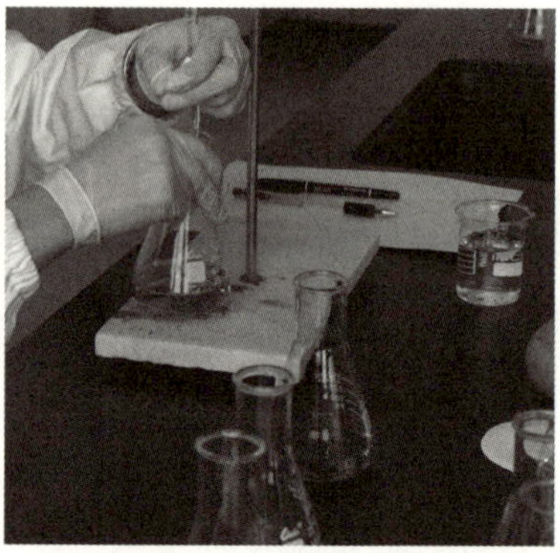

图 6-2　自来水总硬度的测定(视频)

五、数据记录及结果计算

1. 数据记录

自来水的总硬度的测定实验数据记录见表 6-2。

表 6-2　实验数据记录

项目	0(空白)	1	2	3
EDTA 标准溶液浓度 $c(EDTA)/(mol \cdot L^{-1})$				
移取水样的体积/mL				
滴定管初读数/mL				
终点时滴定管读数/mL				
消耗 EDTA 标准溶液体积/mL				
自来水的总硬度/$(mg \cdot L^{-1})$或度				
平均总硬度/$(mg \cdot L^{-1})$或度				
相对极差/%				

2. 结果计算(计算公式由学生课前自行推导)

自来水的总硬度的计算:

(1)用 mg/L 表示。

(2)用度表示。

六、问题讨论

1. 配位滴定中为什么要加入缓冲溶液?
2. 如要分别测定出钙、镁含量应如何进行?
3. 水中若有 Fe^{3+}、Al^{3+} 等离子,为什么会干扰测定?应如何消除?
4. 本实验为什么采用铬黑 T 指示剂?能用二甲酚橙指示剂吗,为什么?

七、实验预习报告及实验报告的撰写

1. 课前按照老师的要求撰写实验预习报告,见附件 1。
2. 实验结束撰写实验报告,见附件 2。

附件 1

实验预习报告

实验名称：自来水总硬度的测定——配位滴定法

班　　级：____________________

姓　　名：____________________

同 组 人：____________________

日　　期：____________________

场　　地：____________________

得　　分：____________________

一、实验方法及原理

二、主要仪器、试剂

三、主要实验步骤

四、问题及讨论(围绕方法要点或老师课前提出的问题讨论)

附件 2

实验报告

实验名称：自来水总硬度的测定——配位滴定法

班　　级：________________

姓　　名：________________

同 组 人：________________

日　　期：________________

场　　地：________________

得　　分：________________

一、实验方法及原理

二、实验数据记录及处理

自来水总硬度的测定实验数据记录及处理见表1。

表1　实验数据记录及处理

项目	0(空白)	1	2	3
EDTA 标准溶液浓度 c(EDTA)/($mol \cdot L^{-1}$)				
移取水样的体积/mL				
滴定管初读数/mL				
终点时滴定管读数/mL				
消耗 EDTA 标准溶液体积/mL				
自来水的总硬度计算公式				
自来水的总硬度/($mg \cdot L^{-1}$)或度				
平均总硬度/($mg \cdot L^{-1}$)或度				
相对极差/%				

三、问题及讨论

1.配位滴定中为什么要加入缓冲溶液？

2. 如要分别测定出钙、镁含量,应如何进行?

3. 水中若有 Fe^{3+}、Al^{3+} 等离子,为什么会干扰测定?应如何消除?

4. 本实验为什么采用铬黑 T 指示剂?能用二甲酚橙指示剂吗,为什么?

实验八　复方氢氧化铝片(胃舒平)中铝和镁的测定

一、实验目的

1. 巩固 EDTA 标准溶液的配制与标定方法。
2. 掌握 EDTA 配位返滴定法测定铝的基本原理和操作技术。
3. 掌握配位滴定法中控制溶液酸度的原理和方法。
4. 了解成品药剂中组分含量测定的前处理方法。

二、实验原理

复方氢氧化铝片(胃舒平)的主要成分为氢氧化铝、三硅酸镁及少量中药颠茄流浸膏,此外还加了糊精等辅料。药片中 Al 和 Mg 的含量可以用 EDTA 配位滴定法测定,其他成分不干扰测定。

药片试样用 HCl 溶液分解,Al^{3+} 和 Mg^{2+} 进入溶液,分离除去水不溶物后,制成试液,然后,分别取部分试液测定铝和镁。

1. 返滴定法测定 Al 的含量

由于 Al^{3+} 与 EDTA 反应生成配合物的速度缓慢,且对指示剂二甲酚橙有封闭作用,故采用返滴定法测定 Al^{3+}。即取部分试液,调节 pH 为 3~4,准确加入过量的已知准确浓度和体积的 EDTA 标准溶液,加热煮沸,加速 EDTA 与 Al^{3+} 配合反应完全,冷却,用六亚甲基四胺溶液调节 pH 为 5~6,加入二甲酚橙指示剂,用 Zn^{2+} 标准溶液返滴过量的 EDTA。根据两种标准溶液的消耗量可计算出 Al 的含量。

2. Mg 含量的测定

另取试液,用氨水、盐酸和六亚甲基四胺调节 pH 约为 6,使 Al^{3+} 生成氢氧化物沉淀。沉淀前加入大量 NH_4Cl 以减少 $Al(OH)_3$ 沉淀对 Mg^{2+} 的吸附。过滤分离 $Al(OH)_3$ 后,用氨缓冲溶液调节滤液的 pH 为 10,以三乙醇胺掩蔽残留的 Al^{3+},以铬黑 T 作指示剂,用 EDTA 标准溶液滴定滤液中的 Mg。

三、仪器试剂

1. 主要仪器

电子分析天平、托盘天平、烧杯、锥形瓶、试剂瓶、滴瓶、量筒、容量瓶、移液管、漏斗、漏斗架、酸式滴定管等。

2. 主要试剂

EDTA 二钠盐固体,复方氢氧化铝药片,纯金属锌、$NH_4Cl(s)$、HCl(1+1)、$NH_3·H_2O$(1+1)、二甲酚橙指示剂(2 g/L)、甲基橙指示剂(1 g/L)、六亚甲基四胺溶液(200 g/L)、三乙醇胺溶液(1+2)、甲基红指示剂(2 g/L)、$NH_3·H_2O-NH_4Cl$ 缓冲溶液(pH=10),铬黑 T 指示剂。

3. 部分试剂的配制方法

(1) $NH_3 \cdot H_2O-NH_4Cl$ 缓冲溶液(pH=10):取 54 g NH_4Cl 溶于适量水中,加 15 mol/L 的氨水 370 mL,稀释至 1 L。

(2)甲基红指示剂 2 g/L:取 0.2 g 甲基红溶解于 100 mL 60%的乙醇溶液中。

(3)铬黑 T 指示剂:将铬黑 T 与固体 NaCl 按质量比 1:100 混合,研磨混匀,储于磨口试剂瓶中,置于干燥器内保存。

四、实验步骤

1. 0.02 mol/L 锌标准溶液的配制

准确称取纯金属锌 0.3~0.4 g,置于 250 mL 烧杯中,盖上表皿,分次加入 10 mL HCl (1+1),必要时可微热使之溶解完全,冷却后,定量转入 250 mL 容量瓶中,加水稀释至刻度,摇匀。纯金属锌是基准物质,可直接配制得到已知准确浓度的 Zn 标准溶液。自行计算其准确浓度,贴上标签。

2. 0.02 mol/L EDTA 标准溶液的配制和标定

称取 3.7~4.0 g EDTA 二钠盐置于 250 mL 的烧杯中,加 100 mL 水,微微加热并搅拌使其溶解完全,冷却后转入 500 mL 试剂瓶中,稀释至 500 mL,摇匀待标定。

用酸式滴定管分别放出已知准确浓度的 Zn 标准溶液 25.00、26.00、27.00 mL 于三个 250 mL 锥形瓶中,做平行标定。加入 2 滴 2 g/L 甲基橙指示剂,用氨水 (1+1) 和盐酸 (1+1) 调至溶液恰变红色,加入 200 g/L 六亚甲基四胺溶液 10mL、2 g/L 二甲酚橙指示剂 2~3 滴,用 EDTA 标准溶液滴定至红色刚好变为亮黄色为终点。同时做空白试验。计算 EDTA 标准溶液的准确浓度,取 3 份标定结果的平均值,贴上标签。

0.02 mol/LEDA 标准溶液的标定视频可扫描图 6-3 观看学习。

3. 制备试样溶液

取复方氢氧化铝片 10 片,研细后,准确称取药粉 2.0~2.5 g,加入 20 mL HCl (1+1),加蒸馏水 100 mL,煮沸。冷却,过滤,并以水洗涤沉淀,收集滤液及洗涤液于 250 mL 容量瓶中,稀释至刻度,摇匀。

4. 试样中铝的测定

准确吸取上述试样溶液 5.00 mL,加水至 25 mL 左右。滴加 $NH_3 \cdot H_2O$ (1+1) 至出现混浊(过量 3~5 滴),滴加 HCl (1+1) 至沉淀恰好溶解,再过量 3~5 滴。准确加入 EDTA 标准溶液 25.00 mL,煮沸 10 min,冷却,加入 200 g/L 六亚甲基四胺溶液 10 mL,2 g/L 二甲酚橙指示剂 2~3 滴,用 Zn 标准溶液滴定至溶液由黄色恰变为红色。根据 EDTA 标准溶液的加入量及 Zn 标准溶液的滴定体积,计算每片药片中 $Al(OH)_3$ 的质量分数。平行测定 3 份,并做空白试验。

复方氢氧化铝片(胃舒平)中铝、镁的测定视频可扫描图 6-4 观看学习。

图 6-3　0.02 mol/L EDTA 标准溶液的标定(视频)

图 6-4　复方氢氧化铝片(胃舒平)中铝、镁的测定(视频)

5. 试样中镁的测定

准确吸取上述试样溶液 25.00 mL，滴加 $NH_3 \cdot H_2O$ (1+1)溶液至刚出现沉淀，再加入 HCl 溶液 (1+1)至沉淀恰好溶解。加入固体 NH_4Cl 2 g，滴加 200 g/L 六亚甲基四胺溶液至沉淀出现并过量 15 mL。加热至 80 ℃，维持 10~15 min。冷却，过滤，以少量蒸馏水洗涤沉淀数次。收集滤液及洗涤液于 250 mL 锥形瓶中，加入三乙醇胺溶液(1+2)10 mL，$NH_3 \cdot H_2O-NH_4Cl$ 缓冲溶液 10 mL 及 2 g/L 甲基红指示剂 1 滴，铬黑 T 指示剂少许，用 EDTA 标准溶液滴定至试液由暗红色恰转变为蓝绿色为终点。计算每片药片中 MgO 的质量分数。平行测定 3 份，并做空白试验。

五、数据记录及处理

1. 数据记录

(1)0.02 mol/L EDTA 标准溶液的标定实验数据记录见表 6-3。

表 6-3　实验数据记录

项目	0(空白)	1	2	3
基准物 Zn 质量/g				
Zn 基准物溶解定容体积/mL				
Zn^{2+}标准溶液的浓度 $c(Zn^{2+})/(mol \cdot L^{-1})$				
移取 Zn^{2+}标准溶液的体积/mL				
滴定管初读数/mL				
终点时滴定管读数/mL				
消耗 EDTA 标准溶液的体积/mL				
EDTA 标准溶液的浓度 $c(EDTA)/(mol \cdot L^{-1})$				
平均浓度$\bar{c}(EDTA)/(mol \cdot L^{-1})$				
相对极差/%				

(2)复方氢氧化铝片中铝的含量测定实验数据记录见表 6-4。

表 6-4　实验数据记录

项目		0(空白)	1	2	3
复方氢氧化铝片试样的称量	(称量瓶+试样)质量 m_1/g				
	(称量瓶+试样)质量 m_2/g				
	试样的质量/g				
试样溶解定容后的体积/mL					
移取试液的体积/mL					
滴定管初读数/mL					
终点时滴定管读数/mL					
消耗 EDTA 标准溶液的体积/mL					
$Al(OH)_3$ 的含量 $w(Al(OH)_3)$/%					
平均含量 $\bar{w}(Al(OH)_3)$/%					
相对极差/%					

(3)复方氢氧化铝片中镁的含量测定实验数据记录见表 6-5。

表 6-5　实验数据记录

项目	0(空白)	1	2	3
移取试液的体积/mL				
滴定管初读数/mL				
终点时滴定管读数/mL				
消耗 EDTA 标准溶液的体积/mL				
MgO 的含量 w(MgO)/%				
平均含量 $\bar{w}$(MgO)/%				
相对极差/%				

2. 结果计算(计算公式由学生课前自行推导)

(1)锌标准溶液浓度的计算。

(2)EDTA 标准溶液浓度的计算。

(3)$Al(OH)_3$ 含量的计算。

(4)MgO 含量的计算。

六、思考题

1. 在分离铝后测定镁含量时,为什么要加入三乙醇胺溶液?
2. 在滴定铝镁含量时选择不同 pH 值的依据是什么?
3. 能否改进实验条件用 EDTA 标准溶液直接测定铝离子?
4. EDTA 配位滴定法测定铝时,为什么要采用返滴定法?

七、实验预习报告及实验报告的撰写

1. 课前按照老师的要求撰写实验预习报告，见附件1。
2. 实验结束撰写实验报告，见附件2。

附件 1

实验预习报告

实验名称：复方氢氧化铝片（胃舒平）中铝和镁的测定

班　　级：____________________

姓　　名：____________________

同 组 人：____________________

日　　期：____________________

场　　地：____________________

得　　分：____________________

一、实验方法及原理

二、主要仪器、试剂

三、主要实验步骤

四、问题及讨论（围绕方法要点或老师课前提出的问题讨论）

附件2

实 验 报 告

实验名称：复方氢氧化铝片(胃舒平)中铝和镁的测定

班　　级：________________

姓　　名：________________

同 组 人：________________

日　　期：________________

场　　地：________________

得　　分：________________

一、实验方法及原理

二、实验数据记录及处理

1. EDTA 标准溶液的标定实验数据记录及处理见表 1。

表 1　实验数据记录及处理

项目	0(空白)	1	2	3
基准物 Zn 质量/g				
Zn 基准物溶解定容体积/mL				
Zn^{2+}标准溶液的浓度 $c(Zn^{2+})/(mol \cdot L^{-1})$				
移取 Zn^{2+}标准溶液的体积/mL				
滴定管初读数/mL				
终点时滴定管读数/mL				
消耗 EDTA 标准溶液的体积/mL				
EDTA 标准溶液的浓度计算公式				
EDTA 标准溶液的浓度				
平均浓度$\bar{c}(EDTA)/(mol \cdot L^{-1})$				
相对极差/%				

2. 复方氢氧化铝片中铝的含量测定实验数据记录及处理见表 2

表 2　实验数据记录及处理

项目		0(空白)	1	2	3
复方氢氧化铝片试样的称量	(称量瓶+试样)质量 m_1/g				
	(称量瓶+试样)质量 m_2/g				
	试样的质量/g				
试样溶解定容总体积/mL					

表 2(续)

项目	0(空白)	1	2	3
移取试液的体积/mL				
滴定管初读数/mL				
终点时滴定管读数/mL				
消耗 EDTA 标准溶液的体积/mL				
$Al(OH)_3$ 的含量 $w(Al(OH)_3)/\%$ 计算公式				
$Al(OH)_3$ 的含量 $w(Al(OH)_3)/\%$				
平均含量$\overline{w}(Al(OH)_3)/\%$				
相对极差/%				

3. 复方氢氧化铝片中镁的含量测定实验数据记录及处理见表 3

表 3 实验数据记录及处理

项目	0(空白)	1	2	3
移取试液的体积/mL				
滴定管初读数/mL				
终点时滴定管读数/mL				
消耗 EDTA 标准溶液的体积/mL				
MgO 的含量 $w(MgO)/\%$ 计算公式				
MgO 的含量 $w(MgO)/\%$				
平均含量$\overline{w}(MgO)/\%$				
相对极差/%				

三、问题讨论

1. 在分离铝后测定镁含量时,为什么要加入三乙醇胺溶液?

2. 在滴定铝镁含量时选择不同 pH 值的依据是什么？

3. 能否改进实验条件用 EDTA 标准溶液直接测定铝离子？

4. EDTA 配位滴定法测定铝时，为什么要采用返滴定法？

学习情境7　氧化还原滴定法

【学习引导】氧化还原滴定法概述

氧化还原滴定法是以氧化还原反应为基础的滴定分析法。氧化还原滴定法应用广泛，可用来直接测定本身具有氧化还原性的物质，如过氧化氢含量的测定；还可间接测定本身不具有氧化还原性，但能与氧化剂或还原剂定量发生反应的物质，如钙盐中钙含量的测定。不仅能测定无机物，也能测定有机物。

氧化还原滴定法以氧化剂或还原剂为标准溶液，习惯上按所用标准溶液的名称命名，常见的氧化还原滴定法主要有高锰酸钾法、重铬酸钾法、碘量法、溴酸钾法、铈量法等。本学习情境着重学习高锰酸钾法、重铬酸钾法和碘量法。

实验九　过氧化氢含量的测定——高锰酸钾法

一、实验目的

1. 掌握 $KMnO_4$ 标准溶液的配制及标定方法。

2. 掌握 $KMnO_4$ 法测定过氧化氢含量的测定原理及方法。

3. 能正确选择分析方法并准确判断滴定终点。

二、实验原理

1. $KMnO_4$ 标准溶液的配制和标定

纯的 $KMnO_4$ 溶液相当稳定。一般 $KMnO_4$ 试剂中含有少量 MnO_2 和其他杂质,且蒸馏水中也常含有微量还原性物质。所以,$KMnO_4$ 不能直接配制标准溶液。

先称取稍多于理论量的 $KMnO_4$ 固体,溶解在规定体积的蒸馏水中,加热至沸后放置 2~3 d,使溶液中可能存在的还原性物质完全氧化,再过滤、储存,待标定。

标定 $KMnO_4$ 标准溶液可选用的基准物质有 $Na_2C_2O_4$、$H_2C_2O_4 \cdot 2H_2O$、As_2O_3 和纯铁丝等。其中,$Na_2C_2O_4$ 容易提纯,性质稳定,不含结晶水,较为常用。$Na_2C_2O_4$ 在 105~110 ℃烘干约 2 h,冷却后使用。在 H_2SO_4 溶液中,MnO_4^- 与 $C_2O_4^{2-}$ 的反应如下:

$$2MnO_4^- + 5C_2O_4^{2-} + 16H^+ = 2Mn^{2+} + 10CO_2\uparrow + 8H_2O$$

该反应需利用产生 Mn^{2+} 的自身催化作用,所以滴定开始时速度不宜太快。常将溶液加热到 75~85 ℃,在 0.5~1.0 mol/L H_2SO_4 介质中进行反应。稍微过量高锰酸钾自身的粉红色指示终点(30 s 不退)。

2. 过氧化氢含量的测定

室温下,H_2O_2 在酸性溶液中能被 $KMnO_4$ 定量氧化而生成氧气和水,因此可用高锰酸钾法测定过氧化氢的含量。

$$5H_2O_2 + 2MnO_4^- + 6H^+ = 2Mn^{2+} + 8H_2O + 5O_2\uparrow$$

开始时反应速度较慢,滴入的 $KMnO_4$ 溶液褪色缓慢,待 Mn^{2+} 生成之后,由于 Mn^{2+} 的催化作用,加快了反应速度,故能顺利地进行滴定。当溶液呈现稳定的微红色即达到滴定终点。根据 $KMnO_4$ 标准滴定溶液的消耗量,可计算试样中过氧化氢的含量。

三、仪器及试剂

1. 仪器

台称(0.1 g)、分析天平、棕色试剂瓶、酸式滴定管、锥形瓶、移液管、容量瓶。

2. 试剂

基准物质 $Na_2C_2O_4$(固、AR),105~110 ℃烘干 2 h 备用;H_2SO_4(2 mol/L);过氧化氢(30%,AR);$KMnO_4$(固、AR)。

四、实验步骤

1. $KMnO_4$ 标准溶液(0.02 mol/L)的配制和标定

称取1.7 g左右的 $KMnO_4$ 放入烧杯中,加水500 mL,盖上表面皿,缓和煮沸20~30 min,放置7~10天后,用玻璃砂芯漏斗过滤,将滤液倒回洗净的棕色试剂瓶中,待标定。

准确称取0.15~0.20 g预先干燥过的基准物质 $Na_2C_2O_4$ 试剂3份,分别置于250 mL锥形瓶中,加水约40 mL使之溶解。再加15mL 2mol/L的 H_2SO_4 溶液,并加热至70~85℃,趁热用配制好的高锰酸钾溶液滴定,刚开始时滴定速度宜慢,并不断摇动溶液。溶液中有 Mn^{2+} 产生后,滴定速度可适当加快,当溶液呈粉红色30 s不褪色,即为终点。同时做空白试验。滴定过程中,溶液温度不低于60 ℃。

根据滴定所消耗 $KMnO_4$ 溶液体积和 $Na_2C_2O_4$ 试剂的称取质量计算 $KMnO_4$ 标准溶液的浓度。

高锰酸钾标准溶液的标定(视频)可扫描图7-1观看学习。

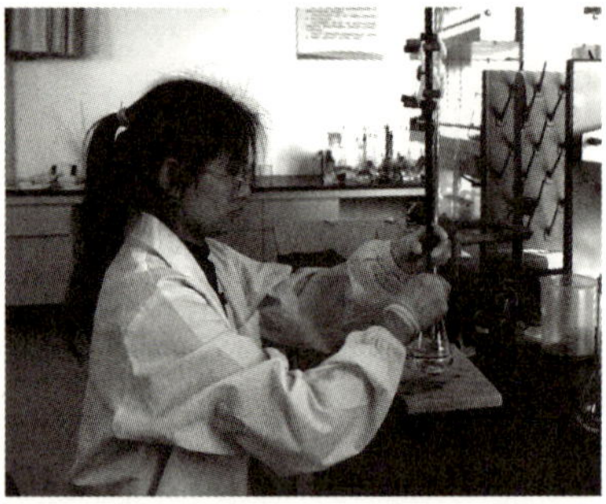

图7-1 高锰酸钾标准溶液的标定(视频)

2. 过氧化氢含量的测定

准确移取过氧化氢试样(质量分数约30%)1.00 mL,置于250 mL容量瓶中,加水稀释至标线,充分混合均匀。再准确移取稀释液25.00 mL 3份,分别置于3个250 mL锥形瓶中,各加2 mol/L硫酸溶液20 mL,用0.02 mol/L高锰酸钾标准溶液滴定至溶液呈粉红色,经30 s不褪色,即为终点。根据 $KMnO_4$ 标准溶液用量,计算试样中过氧化氢的含量(用mg/L表示)。同时做空白试验。

过氧化氢含量的测定(视频)可扫描图7-2观看学习。

图7-2 过氧化氢含量的测定(视频)

五、数据记录及处理

1. 数据记录

(1) $KMnO_4$ 标准溶液的标定实验数据记录见表7-1。

表7-1 实验数据记录

项目		0(空白)	1	2	3
基准物质 $Na_2C_2O_4$ 称量	(称量瓶+基准物)质量 m_1/g				
	(称量瓶+基准物)质量 m_2/g				
	基准物质量/g				
滴定管初读数/mL					

表 7-1(续)

项目	0(空白)	1	2	3
终点时滴定管读数/mL				
消耗 $KMnO_4$ 标准溶液体积/mL				
$KMnO_4$ 标准溶液浓度 $c(KMnO_4)/(mol \cdot L^{-1})$				
平均值$\bar{c}(KMnO_4)/(mol \cdot L^{-1})$				
相对极差/%				

(2)过氧化氢含量的测定实验数据记录见表 7-2。

表 7-2　实验数据记录

项目	0(空白)	1	2	3
准确移取过氧化氢试样(质量分数约 30%)/mL				
过氧化氢试样稀释定容总体积/mL				
移取过氧化氢稀释液体积/mL				
滴定管初读数/mL				
终点时滴定管读数/mL				
消耗 $KMnO_4$ 标准溶液体积/mL				
$KMnO_4$ 标准溶液浓度 $c(KMnO_4)/(mol \cdot L^{-1})$				
过氧化氢含量 $\rho(H_2O_2)/(mg \cdot L^{-1})$				
平均值 $\bar{\rho}(H_2O_2)/(mg \cdot L^{-1})$				
相对极差/%				

2. 结果计算(计算公式由学生课前自行推导)

(1) $KMnO_4$ 标准溶液的浓度计算。

(2)过氧化氢含量的计算。

六、问题讨论

1. 用 $KMnO_4$ 法测定过氧化氢含量时,能否用 HNO_3 或 HCl 控制酸度?

2. 用 $Na_2C_2O_4$ 标定 $KMnO_4$ 标准溶液浓度时,酸度过高或过低有无影响?溶液的温度对滴定有什么影响?

3. 标定 $KMnO_4$ 标准溶液时,为什么第一滴 $KMnO_4$ 溶液加入后红色褪去很慢,以后褪色较快?

七、实验预习报告及实验报告的撰写

1. 课前按照老师的要求撰写实验预习报告,见附件 1。

2. 实验结束撰写实验报告,见附件 2。

附件 1

实验预习报告

实验名称：过氧化氢含量的测定——高锰酸钾法

班　　级：________________

姓　　名：________________

同 组 人：________________

日　　期：________________

场　　地：________________

得　　分：________________

一、实验方法及原理

二、仪器、试剂

三、主要实验步骤

四、问题及讨论（围绕方法要点或老师课前提出的问题讨论）

附件 2

实验报告

实验名称：过氧化氢含量的测定——高锰酸钾法

班　　级：________________

姓　　名：________________

同 组 人：________________

日　　期：________________

场　　地：________________

得　　分：________________

一、实验方法及原理

二、实验数据记录及处理

1. $KMnO_4$ 标准溶液的标定实验数据记录及处理见表1。

表1　实验数据记录及处理

项目		0(空白)	1	2	3
基准物质 $Na_2C_2O_4$ 称量	(称量瓶+基准物)质量 m_1/g				
	(称量瓶+基准物)质量 m_2/g				
	基准物质量/g				
滴定管初读数/mL					
终点时滴定管读数/mL					
消耗 $KMnO_4$ 标准溶液体积 V/mL					
$KMnO_4$ 标准溶液浓度 $c(KMnO_4)/(mol \cdot L^{-1})$ 计算公式					
$KMnO_4$ 标准溶液浓度 $c(KMnO_4)/(mol \cdot L^{-1})$					
平均值 $\bar{c}(KMnO_4)/(mol \cdot L^{-1})$					
相对极差/%					

2. 过氧化氢含量的测定实验数据记录及处理见表2。

表2　实验数据记录及处理

项目	0(空白)	1	2	3
准确移取过氧化氢试样(质量分数约30%)/mL				
过氧化氢试样稀释定容总体积/mL				
移取过氧化氢稀释液体积/mL				
滴定管初读数/mL				

表 2(续)

项目	0(空白)	1	2	3
终点时滴定管读数/mL				
消耗 $KMnO_4$ 标准溶液体积/mL				
$KMnO_4$ 标准溶液浓度 $c(KMnO_4)/(mol \cdot L^{-1})$				
过氧化氢含量 $\rho(H_2O_2)/(mg \cdot L^{-1})$ 计算公式				
过氧化氢含量 $\rho(H_2O_2)/(mg \cdot L^{-1})$				
平均值 $\bar{\rho}(H_2O_2)/(mg \cdot L^{-1})$				
相对极差/%				

三、问题及讨论

1. 用 $KMnO_4$ 法测定过氧化氢含量时，能否用 HNO_3 或 HCl 控制酸度？

2. 用 $Na_2C_2O_4$ 标定 $KMnO_4$ 标准溶液浓度时，酸度过高或过低有无影响？溶液的温度对滴定有什么影响？

3. 标定 $KMnO_4$标准溶液时，为什么第一滴 $KMnO_4$ 溶液加入后红色褪去很慢，以后褪色较快？

实验十　铁矿中全铁的测定(无汞法)——重铬酸钾法

一、实验目的

1. 了解绿色化学理念。
2. 掌握重铬酸钾标准溶液的配制和使用。
3. 熟练掌握重铬酸钾法滴定终点的确定方法。
4. 学习铁矿石试样的酸溶法。
5. 掌握铁矿石试样中全铁的测定(无汞法)的方法原理及操作。

二、实验原理

1. 重铬酸钾标准溶液的配制

重铬酸钾容易提纯,在140~150 ℃干燥后,可直接称量配制标准溶液,不需要标定。

2. 铁含量的测定

试样用HCl(或硫-磷混酸)溶解,首先用$SnCl_2$还原大部分Fe^{3+},继续用$TiCl_3$定量还原剩余部分Fe^{3+},反应方程式如下:

$$2Fe^{3+}+SnCl_4^{2-}+2Cl^-=\!=\!=2Fe^{2+}+SnCl_6^{2-}$$

$$Fe^{3+}+Ti^{3+}+H_2O=\!=\!=Fe^{2+}+TiO^{2+}+2H^+$$

当Fe^{3+}定量还原为Fe^{2+}之后,过量一滴$TiCl_3$溶液,即可使溶液中作为指示剂的六价钨(无色的磷钨酸)还原为蓝色的五价钨化合物,俗称"钨蓝",故溶液呈蓝色。用稀重铬酸钾溶液氧化过剩的还原剂。

定量还原Fe^{3+}时,不能单独用$SnCl_2$,因为在此酸度下,$SnCl_2$不能还原W(Ⅵ)成为W(Ⅴ),故溶液没有明显的颜色变化,无法准确控制其用量,而且过量的$SnCl_2$没有适当的非汞方法消除;但也不宜单独用$TiCl_3$,特别是试样中铁含量高时,因溶液中引入较多的钛盐,当用水稀释试液时,常易出现大量四价钛盐沉淀,影响测定,因此常将$SnCl_2$与$TiCl_3$联合使用。

【动画:重铬酸钾法中二苯胺磺酸钠指示剂作用原理】

Fe^{3+}定量还原为Fe^{2+}和过量还原剂除去后,加入二苯胺磺酸钠为指示剂,用$K_2Cr_2O_7$标准溶液滴定至溶液呈现稳定的紫色为终点。反应方程式如下:

$$6Fe^{2+}+Cr_2O_7{}^{2-}+14H^+=\!=\!=6Fe^{3+}+2Cr^{3+}+7H_2O$$

三、仪器及试剂

1. 仪器

托盘天平、分析天平、烧杯、电炉、滴定管、锥形瓶、移液管、容量瓶。

2. 试剂

铁试样、盐酸、H_3PO_4、浓H_2SO_4、H_2O_2、$SnCl_2$、Na_2WO_4、$TiCl_3$、二苯胺磺酸钠指示剂、$K_2Cr_2O_7$。

四、实验步骤

1. 溶液的配制

(1) $K_2Cr_2O_7$ 溶液的配制

①0.02 mol/L 重铬酸钾标准溶液：将 $K_2Cr_2O_7$ 在 130~140 ℃烘 2 h，放入干燥器中冷至室温，准确称取 1.4~1.6 g $K_2Cr_2O_7$ 于 250 mL 烧杯中，加水溶解后，转入 250 mL 容量瓶中，稀释定容。

②稀重铬酸钾溶液：质量浓度为 0.25 g/L 重铬酸钾溶液 100 mL。

(2) 其他溶液的配制

①硫-磷混酸：将 15 mL 浓硫酸在搅拌下缓慢注入 75 mL 水中，再加 15 mL 浓磷酸，混匀。

②15 g/L $TiCl_3$ 溶液：用 9 体积的盐酸稀释 1 体积的三氯化钛溶液（约 15%的三氯化钛溶液），现配现用。

③100 g/L 氯化亚锡溶液：将 100 g 氯化亚锡晶体溶于 200 mL 的盐酸（1+1）中，水浴加热溶解，冷却至室温后，用水稀释至 1 000 mL。该溶液应储存在装有少量锡粒的棕色玻璃瓶中。

④25 g/100 mL 钨酸钠溶液：称取 25 g 钨酸钠溶于适量水中，加 5 mL 磷酸，用水稀释至 100 mL。

⑤0.2 g/100 mL 二苯胺磺酸钠：将 0.2 g 二苯胺磺酸钠溶于少量水中，然后稀释至 100 mL。将该溶液贮存于棕色瓶中。

2. 铁含量的测定

(1) 铁矿石试样溶解

准确称取 0.18~0.25 g 铁矿样 3 份于 250 mL 锥形瓶中，滴加少量水润湿试样，加入浓盐酸 20 mL，低温加热使试样分解（残渣为白色或近于白色）。若有少量黑色颗粒，可加入 0.2 g NaF 助溶。

(2) 还原

趁热滴加 $SnCl_2$ 溶液使试液变为浅黄色，用少量水吹洗瓶壁，加入 50 mL 水及 15 滴 Na_2WO_4 溶液，滴加 $TiCl_3$ 溶液至试液刚好出现钨蓝。再滴加 0.25 g/L 的稀重铬酸钾溶液至无色。

(3) 滴定

立即向经过还原的试液中加入 10 mL 硫-磷混酸，滴加 5 滴二苯胺磺酸钠溶液指示剂，用重铬酸钾标准溶液滴定，当溶液由绿色变为蓝绿到最后一滴使之变为紫色（30 s 内不褪色）时为终点，记录数据，平行测定 3 次，同时做空白试验。

铁矿石中全铁的测定（无汞法）——重铬酸钾法视频可扫描图 7-3 观看学习。

图 7-3　铁矿石中全铁的测定（无汞法）——重铬酸钾法（视频）

五、数据记录及处理

1. 数据记录

(1) $K_2Cr_2O_7$ 标准溶液配制实验数据记录见表 7-3。

表 7-3 实验数据记录

项目		数据
基准物 $K_2Cr_2O_7$ 的称量	(称量瓶+基准物的质量)m_1/g	
	(称量瓶+基准物的质量)m_2/g	
	基准物质量/g	
$K_2Cr_2O_7$ 溶液的体积/mL		
$c(K_2Cr_2O_7)/(mol \cdot L^{-1})$		

(2)铁矿中铁含量的测定实验数据记录见表 7-4。

表 7-4 实验数据记录

项目		0(空白)	1	2	3
铁矿石试样的称量	(称量瓶+试样的质量)m_1/g				
	(称量瓶+试样的质量)m_2/g				
	铁矿石试样的质量/g				
滴定管初读数/mL					
终点时滴定管读数/mL					
消耗 $K_2Cr_2O_7$ 标准溶液体积/mL					
铁矿石中铁含量 $w(Fe)$/%					
铁矿石中铁平均含量$\overline{w}(Fe)$/%					
相对极差/%					

3. 结果计算(计算公式由学生课前自行推导)

(1)$K_2Cr_2O_7$ 标准溶液的浓度计算。

(2)试样中铁含量的计算。

六、问题讨论

1. 重铬酸钾为什么可以用直接法配制准确浓度的溶液?
2. 加入硫-磷混酸应静置一段时间后滴定还是立即滴定,为什么?
3. 汞盐法和无汞法各自有什么优缺点?

七、实验预习报告及实验报告的撰写

1. 课前按照老师的要求撰写实验预习报告,见附件 1。
2. 实验结束撰写实验报告,见附件 2。

附件1

实验预习报告

实验名称：铁矿中全铁的测定（无汞法）——重铬酸钾法

班　　级：________________

姓　　名：________________

同 组 人：________________

日　　期：________________

场　　地：________________

得　　分：________________

一、实验方法及原理

二、仪器、试剂

三、主要实验步骤

四、问题及讨论(围绕方法要点或老师课前提出的问题讨论)

附件 2

实验报告

实验名称：铁矿中全铁的测定(无汞法)——重铬酸钾法

班　　级：________________

姓　　名：________________

同 组 人：________________

日　　期：________________

场　　地：________________

得　　分：________________

一、实验方法及原理

二、实验数据记录及处理

1. $K_2Cr_2O_7$ 标准溶液配制实验数据记录及处理见表 1。

表 1　实验数据记录及处理

项目		数据
基准物 $K_2Cr_2O_7$ 的称量	(称量瓶+基准物的质量) m_1/g	
	(称量瓶+基准物的质量) m_2/g	
	基准物质量/g	
$K_2Cr_2O_7$ 溶液的体积/mL		
$K_2Cr_2O_7$ 标准溶液浓度计算公式		
$c(K_2Cr_2O_7)/(mol \cdot L^{-1})$		

2. 铁矿中铁含量的测定实验数据记录及处理见表 2。

表 2　实验数据记录及处理

项目		0(空白)	1	2	3
铁矿石试样的称量	(称量瓶+试样的质量) m_1/g				
	(称量瓶+试样的质量) m_2/g				
	铁矿石试样的质量/g				
滴定管初读数/mL					
终点时滴定管读数/mL					
消耗 $K_2Cr_2O_7$ 标准溶液体积 V/mL					

表 2(续)

项目	0(空白)	1	2	3
铁矿石中铁含量 w(Fe)/% 计算公式				
铁矿石中铁含量 w(Fe)/%				
铁矿石中铁平均含量$\overline{w}$(Fe)/%				
相对极差/%				

三、问题及讨论

1. 重铬酸钾为什么可以用直接法配制准确浓度的溶液?

2. 加入硫-磷混酸应静置一段时间后滴定还是立即滴定,为什么?

3. 汞盐法和无汞法各自有什么优缺点?

实验十一　铜合金中铜含量的测定——间接碘量法

一、实验目的

1. 掌握 $Na_2S_2O_3$ 标准溶液的配制、标定和保存方法。

2. 掌握间接碘量法测定铜的原理、操作技术和测定结果计算。

3. 学会酸分解合金试样的操作技术。

二、实验原理

1. $Na_2S_2O_3$ 标准溶液的配制和标定

由于 $Na_2S_2O_3$ 溶液易受溶解 O_2、CO_2 及微生物作用而分解，所以，配制 $Na_2S_2O_3$ 标准溶液时，须用新煮沸并冷却的蒸馏水，以除去水中溶解的 O_2 和 CO_2，再加入少量 Na_2CO_3 使溶液呈碱性抑制微生物生长。并且配制好的 $Na_2S_2O_3$ 标准溶液需贮存于棕色试剂瓶中，于暗处放置约一周时间，待溶液稳定后再进行标定。

标定 $Na_2S_2O_3$ 标准溶液常用 $K_2Cr_2O_7$ 基准物质。先准确称取一定质量的 $K_2Cr_2O_7$，让其在酸性环境中与过量的 KI 发生氧化还原反应，生成与 I_2，反应方程式如下：

$$Cr_2O_7^{2-}+6I^-+14H^+ \xlongequal{} 2Cr^{3+}+3I_2+7H_2O$$

再用 $Na_2S_2O_3$ 标准溶液滴定生成的 I_2，即可计算出 $Na_2S_2O_3$ 标准溶液的准确浓度。

2. 铜含量的测定

铜合金试样用 $HCl-H_2O_2$ 溶解，加热煮沸使过量的 H_2O_2 分解，然后将溶液调节至弱酸性环境（$pH=3\sim4$），用 NH_4HF_2 掩蔽 Fe^{3+} 的干扰，加过量 KI，使 Cu^{2+} 还原并生成 CuI 沉淀，同时析出与铜量相当的 I_2（I_2 以 I_3^- 形式溶解于溶液中）。其反应方程式如下：

$$2Cu^{2+}+4I^- \xlongequal{} 2CuI\downarrow+I_2$$

以淀粉为指示剂，用 $Na_2S_2O_3$ 标准滴定溶液滴定析出的 I_2。

$$I_2+2S_2O_3^{2-} \xlongequal{} 2I^-+S_4O_6^{-2}$$

根据 $Na_2S_2O_3$ 标准溶液的消耗量可计算出试样中铜的含量。

由于 CuI 沉淀强烈地吸附 I_2，因此在近终点时加入硫氢酸钾以使 CuI 转化为溶解度更小的 CuSCN 沉淀，从而使已被吸附的 I_2 释放出来与 $Na_2S_2O_3$ 标准溶液反应。

$$CuI\cdots I_2\downarrow+KSCN \xlongequal{} CuSCN\downarrow+I^-+I_2$$

三、仪器及试剂

1. 仪器

托盘天平、分析天平、称量瓶、烧杯、试剂瓶、锥形瓶、滴瓶、酸式滴定管等。

2. 试剂

铜试样、$Na_2S_2O_3 \cdot 5H_2O$ 固体、Na_2CO_3 固体、$K_2Cr_2O_7$ 基准试剂、HCl(1+1)、H_2O_2 30%，$NH_3 \cdot H_2O$(1+1)、HAc(1+1)、NH_4HF_2 溶液(200 g/L)、KI 固体、NH_4SCN 溶液（100 g/L)、淀粉溶液(5 g/L)。

四、实验步骤

1. 0.1 mol/L $Na_2S_2O_3$ 标准溶液的配制和标定

(1)配制

取纯水 500 mL 于大烧杯中，加热煮沸。冷却后加入 0.1 g Na_2CO_3。称取 12.5 g $Na_2S_2O_3 \cdot 5H_2O$，溶于该 500 mL 水中，转入棕色试剂瓶中，摇匀，置于阴暗处放置约 7 d 后标定。

(2)标定

根据 $Na_2S_2O_3$ 标准溶液的粗略浓度计算，当滴定消耗 $Na_2S_2O_3$ 标准溶液 25~35 mL 时所需要的 $K_2Cr_2O_7$ 基准试剂的质量 m_0 g，然后按下述操作步骤标定：

用称量瓶以减量法准确称取约 m_0 g $K_2Cr_2O_7$ 基准试剂 3 份，分别置于 3 个 250 mL 锥形瓶中，做平行标定。加纯水 25 mL 溶解，加 HCl(1+1)溶液 5 mL 摇匀，再加 KI 固体 2 g，轻缓摇动混匀(防止反应产生的 I_2 挥发)，盖上小表面皿，在暗处放置 3~5 min。然后加 50 mL 纯水，立即用待标定的 $Na_2S_2O_3$ 标准溶液滴定到呈较浅黄色，加入 1 mL 淀粉溶液，继续滴定到溶液由蓝色恰变为亮绿色，即达到终点。计算 $Na_2S_2O_3$ 标准溶液的准确浓度。平行测定 3 次，同时做空白试验，取 3 份标定结果的平均值为其准确浓度，贴上标签。

2. 铜含量的测定

准确称取铜合金试样 0.25~0.30 g 于 250 mL 锥形瓶中，加入 HCl(1+1)溶液 10 mL，并用滴管加入 30% H_2O_2 约 1 mL，加盖，微热溶解，必要时可再加些 H_2O_2。煮沸至产生大气泡，使过量的 H_2O_2 分解。冷却，加水 10 mL，逐滴滴加 $NH_3 \cdot H_2O$(1+1)溶液至刚出现混浊，加入 HAc (1+1)8 mL、NH_4HF_2 溶液 5 mL，摇匀，加 KI 固体 2 g，立即用 $Na_2S_2O_3$ 标准溶液滴定至溶液呈较浅黄色，加入淀粉溶液 1 mL，继续滴定至溶液呈较浅蓝色，再加入 NH_4SCN 溶液 5 mL，充分摇动。此时，溶液蓝颜色变深，继续滴定至蓝色刚消失为终点。根据 $Na_2S_2O_3$ 标准溶液的用量计算铜合金中铜的质量分数。计算公式请自行推导。平行测定 3 次，同时做空白试验，取平行 3 份的平均值为测定结果。

五、数据记录及处理

1. 数据记录

(1) $Na_2S_2O_3$ 标准溶液配制和标定实验数据记录见表 7-5。

(2) 铜合金中铜含量的测定实验数据记录见表 7-6。

2. 结果计算(计算公式由学生课前自行推导)

(1) $Na_2S_2O_3$ 标准溶液的浓度计算

(2) 试样中铜含量的计算

表 7-5　实数据记录

项目		0(空白)	1	2	3
基准物 $K_2Cr_2O_7$ 的称量	(称量瓶+基准物)质量 m_1/g				
	(称量瓶+基准物)质量 m_2/g				
	基准物质量/g				
滴定管初读数/mL					
终点时滴定管读数/mL					
消耗 $Na_2S_2O_3$ 标准溶液体积/mL					
$Na_2S_2O_3$ 标准溶液浓度 $c(Na_2S_2O_3)/(mol \cdot L^{-1})$					
平均值$\bar{c}(Na_2S_2O_3)/(mol \cdot L^{-1})$					
相对极差/%					

表 7-6　实数据记录

项目		0(空白)	1	2	3
铜合金试样的称量	(称量瓶+试样)质量 m_1/g				
	(称量瓶+试样)质量 m_2/g				
	铜合金试样的质量/g				
滴定管初读数/mL					
终点时滴定管读数/mL					
消耗 $Na_2S_2O_3$ 标准溶液体积/mL					
铜合金中铜含量 $w(Cu)$/%					
铜合金中铜平均含量$\bar{w}(Cu)$/%					
相对极差/%					

六、问题讨论

1. 配制、标定和保存 $Na_2S_2O_3$ 溶液应注意哪些问题,为什么?

2. 在测定铜的含量时,为什么要把溶液的 pH 值调节到 3~4? 酸度太高或太低对测定有何影响?

3. 本实验加入 NH_4HF_2 溶液的目的是什么?

七、实验预习报告及实验报告的撰写

1. 课前按照老师的要求撰写实验预习报告,见附件 1。

2. 实验结束撰写实验报告,见附件 2。

附件1

实验预习报告

实验名称：铜合金中铜含量的测定——间接碘量法

班　　级：________________

姓　　名：________________

同 组 人：________________

日　　期：________________

场　　地：________________

得　　分：________________

一、实验方法及原理

二、仪器、试剂

三、主要实验步骤

四、问题及讨论(围绕方法要点或老师课前提出的问题讨论)

附件2

实验报告

实验名称：铜合金中铜含量的测定——间接碘量法

班　　级：________________

姓　　名：________________

同 组 人：________________

日　　期：________________

场　　地：________________

得　　分：________________

一、实验方法及原理

二、实验数据记录及处理

1. $Na_2S_2O_3$ 标准溶液配制和标定实验数据记录及处理见表 1。

表 1　实数据记录及处理

项目		0(空白)	1	2	3
基准物 $K_2Cr_2O_7$ 的称量	(称量瓶+基准物)质量 m_1/g				
	(称量瓶+基准物)质量 m_2/g				
	基准物质量/g				
滴定管初读数/mL					
终点时滴定管读数/mL					
消耗 $Na_2S_2O_3$ 标准溶液体积/mL					
$Na_2S_2O_3$ 标准溶液浓度计算公式					
$Na_2S_2O_3$ 标准溶液浓度 $c(Na_2S_2O_3)/(mol \cdot L^{-1})$					
平均值 $\bar{c}(Na_2S_2O_3)/(mol \cdot L^{-1})$					
相对极差/%					

2. 铜合金中铜含量的测定实验数据记录及处理见表 2。

表 2　实数据记录及处理

项目		0(空白)	1	2	3
铜合金试样的称量	(称量瓶+试样)质量 m_1/g				
	(称量瓶+试样)质量 m_2/g				
	铜合金试样的质量/g				
滴定管初读数/mL					

表2(续)

项目	0(空白)	1	2	3
终点时滴定管读数/mL				
消耗 $Na_2S_2O_3$ 标准溶液体积/mL				
铜合金中铜含量 $w(Cu)$/% 计算公式				
铜合金中铜含量 $w(Cu)$/%				
铜合金中铜平均含量$\overline{w}(Cu)$/%				
相对极差/%				

三、问题讨论

1. 配制、标定和保存 $Na_2S_2O_3$ 溶液应注意哪些问题,为什么?

2. 在测定铜的含量时,为什么要把溶液的 pH 值调节到 3～4? 酸度太高或太低对测定有何影响?

3. 本实验加入 NH_4HF_2 溶液的目的是什么?

学习情境 8　沉淀滴定法

【学习引导】沉淀滴定法概述

沉淀滴定法是以沉淀-溶解平衡为基础的滴定分析法。沉淀反应很多,但能用于沉淀滴定的并不多,目前比较有实际意义的是生成难溶银盐的沉淀反应。以生成难溶银盐的沉淀反应为基础的沉淀滴定法称为银量法。银量法可用于测定 Cl^-、Br^-、I^-、Ag^+及 SCN^-等离子。根据所采用的指示剂不同,银量法分为莫尔(Mohr)法、佛尔哈德(Volhard)法和法扬司(Fajans)法。

本学习情境主要以莫尔法测定氯化钠中氯含量的实验为例,帮助大家学习了解沉淀滴定法。

实验十二　氯化钠中氯含量的测定——莫尔法

一、实验目的

1. 掌握莫尔法的方法原理,并了解其应用范围。
2. 学习 $AgNO_3$ 标准滴定溶液的配制和标定。
3. 熟悉沉淀滴定法操作的特点,学会铬酸钾指示剂滴定终点的判断。

二、实验原理

某些可溶性氯化物中氯离子的含量常采用莫尔法来测定。莫尔法以铬酸钾为指示剂,在中性或弱碱性溶液中,用 $AgNO_3$ 标准溶液直接滴定 Cl^-。该方法利用的是分步沉淀的原理。由于 AgCl 的溶解度小于 Ag_2CrO_4 的溶解度,所以在滴定过程中 AgCl 首先沉淀出来,待 AgCl 定量沉淀后,过量 1 滴 $AgNO_3$ 与 K_2CrO_4 反应,形成砖红色的 Ag_2CrO_4 沉淀,指示滴定终点的到达。其滴定反应方程式如下:

$$Ag^+ + Cl^- \rightleftharpoons \underset{(白色)}{AgCl\downarrow} \quad K_{sp}^{\ominus}=1.8\times10^{-10}$$

$$2Ag^+ + CrO_4^{2-} \rightleftharpoons \underset{(砖红色)}{Ag_2CrO_4\downarrow} \quad K_{sp}^{\ominus}=2.0\times10^{-12}$$

滴定必须在中性或碱性溶液中进行,最适宜 pH 范围为 6.5~10.5。如有铵盐存在,溶液的 pH 值最好控制在 6.5~7.2。

指示剂的用量对滴定有影响,一般以 5×10^{-3} mol/L 为宜。凡是能与 Ag^+ 生成难溶性化合物或配合物的阴离子都干扰测定,如 PO_4^{3-}、AsO_4^{3-}、AsO_3^{3-}、S^{2-}、SO_3^{2-}、CO_3^{2-}、$C_2O_4^{2-}$ 等。其中 H_2S 可加热煮沸除去,将 SO_3^{2-} 氧化成 SO_4^{2-} 后不干扰测定。大量的 Cu^{2+}、Ni^{2+}、Co^{2+} 等有色离子将影响滴定终点的观察。凡是能与 CrO_4^{2-} 指示剂生成难溶化合物的阳离子也干扰测定,如 Ba^{2+}、Pb^{2+} 能与 CrO_4^{2-} 分别生成 $BaCrO_4$ 和 $PbCrO_4$ 沉淀。其中 Ba^{2+} 的干扰可通过加入过量 Na_2SO_4 消除。

【动画:莫尔法测定氯化物中氯含量作用原理】

三、仪器试剂

1. 主要仪器

分析天平、量筒、烧杯、容量瓶、移液管、移液管、酸式滴定管、称量瓶,锥形瓶。

2. 主要试剂

(1) NaC1 基准试剂：在 500~600 ℃灼烧 30 min 后，放置于干燥器中冷却。

(2) $AgNO_3$ 溶液(0.1 mol/L、500 mL)：溶解 8.5 g $AgNO_3$ 于 500 mL 不含 Cl^- 的蒸馏水中，将溶液转入棕色试剂瓶中，置暗处保存，以防见光分解。

(3) K_2CrO_4 溶液：50 g/L 水溶液，30 mL。

四、实验步骤

1. 0.1 mol/L $AgNO_3$ 标准溶液的配制和标定

准确称取 1.4~1.6 g(准确至±0.000 1 g)基准试剂 NaCl 置于小烧杯中，用蒸馏水溶解后，定量转入 250 mL 容量瓶中，用水稀释至刻度，摇匀。

准确移取 25.00 mL 上述 NaCl 溶液于 250 mL 锥形瓶中，加入 25 mL 蒸馏水、50 g/L K_2CrO_4 溶液 1 mL，在不断摇动下，用 $AgNO_3$ 溶液滴定至呈现砖红色即为终点。根据 NaCl 标准溶液的浓度和滴定中所消耗的 $AgNO_3$ 溶液体积，计算 $AgNO_3$ 标准溶液的浓度。

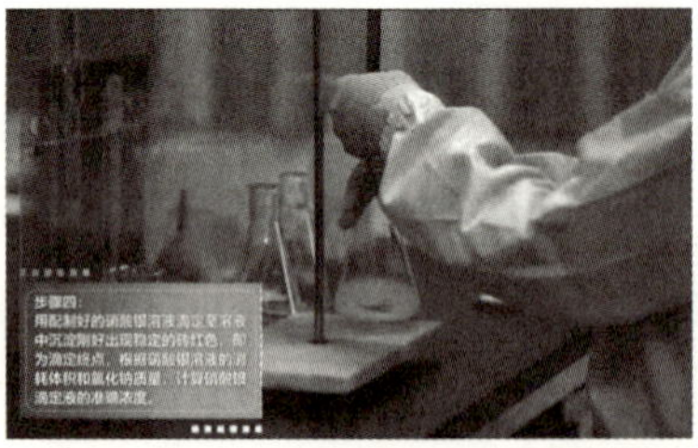

图 8-1　硝酸银标准溶液的标定(视频)

平行测定 3 次，同时做空白试验，取 3 次平行测定结果的平均值为 $AgNO_3$ 标准溶液的准确浓度值。

$AgNO_3$ 标准溶液的标定视频可扫描图 8-1 观看学习。

2. 试样分析

准确称取 1.9~2.0 g NaCl 试样置于烧杯中，加水溶解后，定量转移至 250 mL 容量瓶中，用水稀释至刻度、摇匀。

移取 25.00 mL NaCl 试液于 250 mL 于锥形瓶中，加入 25 mL 蒸馏水、50 g/L K_2CrO_4 溶液 1 mL，在不断摇动下，用 $AgNO_3$ 标准滴定溶液滴定至呈现砖红色即为终点。根据试样的质量和滴定中消耗的 $AgNO_3$ 标准溶液的体积，计算试样中氯元素的质量百分数。

图 8-2　氯化钠中氯离子含量的测定(莫尔法)(视频)

平行测定 3 次，同时做空白试验，取 3 次平行测定结果的平均值为试样中氯元素的质量百分数。

氯化钠中氯离子含量的测定(莫尔法)视频可扫描图 8-2 观看学习。

五、数据记录及处理

1. 数据记录

(1) 0.1 mol/L $AgNO_3$ 标准溶液的标定实验数据记录见表 8-1。

表 8-1　实验数据记录

项目		0(空白)	1	2	3
基准物($NaCl$)的称量	(称量瓶+基准物)质量 m_1/g				
	(称量瓶+基准物)质量 m_2/g				
	基准物质量/g				
$NaCl$ 基准物溶解定容体积/mL					
移取 $NaCl$ 溶液体积/m					
滴定管初读数/mL					
终点时滴定管读数/mL					
消耗 $AgNO_3$ 标准溶液体积/mL					
$AgNO_3$ 标准溶液浓度 $c(AgNO_3)/(mol \cdot L^{-1})$					
平均值 $\bar{c}(AgNO_3)/(mol \cdot L^{-1})$					
相对极差/%					

(2)氯化钠试样中氯含量的测定实验数据记录见表 8-2。

表 8-2　实验数据记录

项目		0(空白)	1	2	3
$NaCl$ 试样的称量	(称量瓶+试样)质量 m_1/g				
	(称量瓶+试样)质量 m_2/g				
	$NaCl$ 试样的质量/g				
$NaCl$ 试样溶解定容体积/mL					
移取 $NaCl$ 溶液体积/mL					
滴定管初读数/mL					
终点时滴定管读数/mL					
消耗 $AgNO_3$ 标准溶液体积/mL					
$AgNO_3$ 标准溶液浓度 $c(AgNO_3)/(mol \cdot L^{-1})$					
$NaCl$ 试样中氯含量 $w(Cl)$/%					
氯平均含量 $\bar{w}(Cl)$/%					
相对极差/%					

2. 结果计算(计算公式由学生课前自行推导)

(1) $AgNO_3$ 标准溶液浓度计算。

(2) $NaCl$ 试样中氯含量的计算。

六、思考题

1. 莫尔法测定 Cl^- 时,为什么溶液的 pH 值应控制为 6.5~10.5?

2. $AgNO_3$ 标准溶液应装在酸式滴定管还是碱式滴定管中,为什么?

3. 配制 $AgNO_3$ 标准溶液的容器用自来水洗后,若不用蒸馏水洗,而直接用来配制 $AgNO_3$ 标准溶液,将会出现什么现象?请解释原因。

4. 配制好的 $AgNO_3$ 溶液要贮于棕色瓶中,并置于暗处,为什么?

七、实验预习报告及实验报告的撰写

1. 课前按照老师的要求撰写实验预习报告,见附件 1。

2. 实验结束撰写实验报告,见附件 2。

附件 1

实验预习报告

实验名称：氯化钠中氯含量的测定——莫尔法

班　　级：________________

姓　　名：________________

同 组 人：________________

日　　期：________________

场　　地：________________

得　　分：________________

一、实验方法及原理

二、仪器、试剂

三、主要实验步骤

四、问题及讨论(围绕方法要点或老师课前提出的问题讨论)

附件 2

实验报告

实验名称：氯化钠中氯含量的测定——莫尔法

班　　级：________________

姓　　名：________________

同 组 人：________________

日　　期：________________

场　　地：________________

得　　分：________________

一、实验方法及原理

二、实验数据记录及处理

1. 0.1 mol/L $AgNO_3$ 标准溶液的标定实验数据记录及处理见表1

表1　实验数据记录及处理

滴定次数		0(空白)	1	2	3
基准物NaCl的称量	(称量瓶+基准物)质量 m_1/g				
	(称量瓶+基准物)质量 m_2/g				
	基准物质量/g				
基准物 NaCl 溶解定容体积/mL					
移取 NaCl 溶液体积/mL					
滴定管初读数/mL					
终点时滴定管读数/mL					
消耗 $AgNO_3$ 标准溶液体积/mL					
$AgNO_3$ 标准溶液浓度计算公式					
$AgNO_3$ 标准溶液浓度 $c(AgNO_3)/(mol \cdot L^{-1})$					
平均值 $\bar{c}(AgNO_3)/(mol \cdot L^{-1})$					
相对极差/%					

2. 氯化钠试样中氯含量的滴定实验数据记录及处理见表2

表2　实验数据记录及处理

项目		0(空白)	1	2	3
NaCl 试样的称量	(称量瓶+试样)质量 m_1/g				
	(称量瓶+试样)质量 m_2/g				
	NaCl 试样的质量/g				
NaCl 试样溶解定容体积/mL					

表 2(续)

项目	0(空白)	1	2	3
移取 NaCl 溶液体积/mL				
滴定管初读数/mL				
终点时滴定管读数/mL				
消耗 $AgNO_3$ 标准溶液体积/mL				
$AgNO_3$ 标准溶液浓度 $c(AgNO_3)/(mol\cdot L^{-1})$				
NaCl 试样中氯含量计算公式				
NaCl 试样中氯含量 $w(Cl)/\%$				
氯平均含量$\overline{w}(Cl)/\%$				
相对极差/%				

三、问题讨论

1. 莫尔法测定 Cl^-时,为什么溶液的 pH 值应控制为 6.5~10.5?

2. $AgNO_3$ 标准溶液应装在酸式滴定管还是碱式滴定管中,为什么?

3. 配制 $AgNO_3$ 标准溶液的容器用自来水洗后,若不用蒸馏水洗,而直接用来配制 $AgNO_3$ 标准溶液,将会出现什么现象?请解释原因。

4. 配制好的 $AgNO_3$ 溶液要贮于棕色瓶中,并置于暗处,为什么?

学习情境 9　重量分析法

【学习导引】重量分析法概述

重量分析法是经典的定量分析方法，一般是先用适当的方法将待测组分与试样中的其他组分分离后，转化为一定的称量形式，然后称重，由称得的物质的质量计算该组分的含量。根据待测组分与其他组分分离方法的不同，重量分析法主要分为沉淀法、气化法和电解法。

重量分析法直接通过称量获得分析结果，不需要与标准试样或基准物质进行比较，引入误差的机会相对较小，分析结果的准确度较高。相对误差一般为±0.1%～±0.2%。重量分析法的缺点是耗时、周期长。

目前，常量的硅、硫、镍等元素的精准测定多采用重量分析法。本学习情境主要学习沉淀重量法，沉淀重量法是重量分析法中的主要方法，是利用沉淀反应将待测组分以微溶化合物的形式沉淀出来，再将沉淀过滤、洗涤、烘干或灼烧，最后称重并计算其含量，其主要操作包括以下几个方面。

一、沉淀

进行沉淀的条件，如加入试剂的顺序、加入试剂的量和浓度、加入速度、沉淀时溶液的温度和沉淀陈化的时间等，在具体实验中有明确的要求，需按照分析步骤进行，否则会产生较大误差。

沉淀所需的试剂溶液应事先准备好，浓度只需准确至1%，因此一般加入固体试剂只需用托盘天平称取，加入液体试剂用量筒量取即可。

通常加入沉淀剂是用滴管逐滴加入，并同时搅拌，避免沉淀剂局部过浓的现象。搅拌时避免玻璃棒碰到烧杯壁。沉淀若需在热溶液中进行，加热时不能使溶液沸腾，否则会引起溶液溅出或雾沫飞散造成损失，一般使用水浴加热。

进行沉淀时，所用烧杯必须配备玻璃棒和表面皿。三者一套不分离，直到沉淀完全转移出烧杯为止。

二、沉淀的过滤和洗涤

1. 滤纸的选择

重量分析法使用的定量滤纸，称为无灰滤纸，滤纸的选择应根据沉淀的类型和沉淀的量来确定，详见 1.3.1.2 滤纸的选择。

2. 漏斗的选择

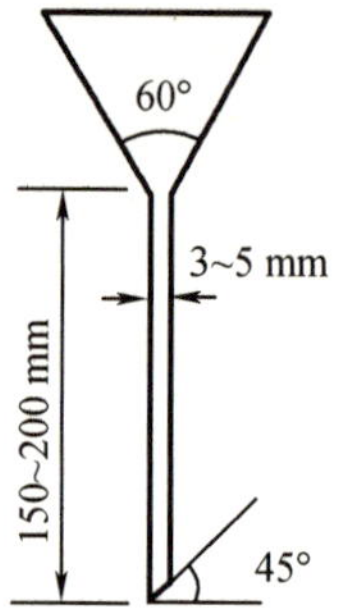

图 9-1　长颈漏斗

重量分析所用的漏斗是长颈漏斗，颈长为 15~20 cm，漏斗锥体角度应为 60°，颈的直径为 3~5 mm，以便在颈内容易保留水柱，出口处为 45°，见图 9-1。漏斗的大小可根据滤纸的大小来选择匹配，使折叠成的圆锥形滤纸放入漏斗中，滤纸的上沿应比漏斗上沿低 0.5~1 cm。

3. 滤纸的折叠、安放与形成水柱

滤纸按四折法折叠，折叠时先洗净双手并擦干。先将滤纸整齐对折，并将折边按紧，然后再对折（此次对折不按紧），将滤纸打开后成为顶角稍大于 60°的圆锥体，将其放入洁净的漏斗中，视滤纸与漏斗的密合程度改变滤纸折叠的角度，直到完全密合，将折边按紧。将滤纸从漏斗中取出，将半边为三层的最外两层折角撕下一角，这样可使内层滤纸更好地贴在漏斗上，否则此处会有空隙。撕下来的纸角保存在干燥的表面皿上，以备擦烧杯用。折叠方法如图 9-2 所示。

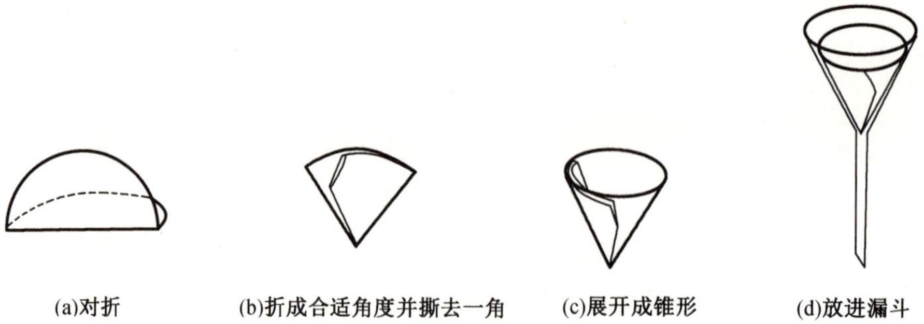

图 9-2　滤纸的折叠和安放

将折叠好的滤纸放入漏斗中，三层的一边应处于漏斗出口短的一边的上方。用食指按紧三层的一边，用洗瓶加水将滤纸全部润湿，手指轻压滤纸，赶去滤纸与漏斗壁间的气泡，使滤纸与漏斗间无空隙。用手指堵住漏斗下面出口，稍稍掀起滤纸的三层一边，用洗瓶向滤纸和漏斗间的空隙里加水，直到漏斗颈及锥体的一小部分被水充满，再排除气泡，把滤纸边按紧，缓缓放开下面堵住出口的手指，此时水柱即可形成。如果水柱不能保留，则是滤纸与漏斗没有密合。如果水柱虽然形成，但纸边仍有微小空隙，水柱保持不会长久，可以再将纸边按紧。有时，水柱不能连续，是因为漏斗颈不干净，这时应重新清洗。在全部过滤过程中，漏斗颈必须全部被液体所充满，这样才能因液柱的重力而产生抽吸作用，加快过滤快速。注意:湿滤纸经多次按紧、摩擦,易变薄导致破裂或沉淀穿滤,此时应弃之重做。准备好后,用纯水洗涤 1~2 次。

将准备好的漏斗放在漏斗架上,漏斗下面放一盛接滤液的较大而洁净的烧杯(一般为 400 mL),使漏斗颈口紧贴杯壁,滤液能沿烧杯壁流下。漏斗位置的高低,以过滤过程中漏斗颈的出口不接触滤液为度。漏斗必须放置得很端正,使其边缘在同一水平上,否则滤纸一面较高,在洗涤沉淀时,这部分较高的地方就不能经常被洗涤液浸没,而使一部分杂质垢留下来。

在同时进行几个平行分析时,应把装有待过滤溶液的烧杯分别放在相应的漏斗之前,方便后续过滤操作。

4. 过滤和洗涤

过滤一般是用倾注法(或称倾泻法,如图 9-3 所示)。即待沉淀下沉到烧杯底部后,把上层清液先倒入漏斗内,尽可能不搅起沉淀。上层清液倒出后,再将洗涤液加于烧杯中,搅拌沉淀进行充分洗涤,再静置片刻,待沉淀下沉后,再倒出上层清液。这样既可以加速过滤,不致使沉淀堵塞滤纸,且对沉淀的洗涤也更加充分。

图 9-3　倾泻法过滤

过滤时,滤液最多加到距滤纸边线约 0.5 cm 处,过高会使沉淀因毛细作用而超过滤纸边线,造成损失。

具体操作如下:待沉淀下沉,一手拿玻璃棒,垂直地立在滤纸的三层部分上方,但勿接触滤纸。另一手拿起盛有沉淀的烧杯,使杯嘴贴着玻璃棒,慢慢将烧杯倾斜,尽量不搅起沉淀、将上层清液慢慢沿玻璃棒倒于漏斗中。停止倾注溶液时,将烧杯沿玻璃棒往上提 1~2 cm,同时逐渐扶正烧杯,随即离开玻璃棒。这样才可以使最后一滴溶液也顺着玻璃棒流下,而不致流到烧杯外面去。烧杯离开玻璃棒后,将下玻璃棒放回烧杯,但勿使它靠在烧杯嘴上。

用洗瓶(或滴管)沿烧杯壁旋转着挤入 10~15 mL 洗涤液,用玻璃棒搅起沉淀充分洗涤,然后将烧杯稍微倾斜,使沉淀集中。待沉淀下沉后,再按前述方法倾出和过滤清液。洗涤应遵循少量多次的原则,洗涤次数要看沉淀的性质及杂质的含量而定。

为了把沉淀转移到滤纸上,先用洗涤液将沉淀搅起(加入洗涤液的量,应该是滤纸上一次能容纳的量),将悬浮液立刻按上述的方法转移到滤纸上,使大部分沉淀从烧杯中移出。

重复 3~4 次,基本上可将沉淀全部转移到漏斗中。然后,将玻璃棒横架在烧杯口上(玻璃棒下端应在烧杯嘴上,且超出杯嘴 2~3 cm),用左手食指压住玻璃棒上段,拇指在前,其余手指在后,拿起烧杯,举至漏斗上方,倾斜烧杯,使玻璃棒下端指向滤纸的三层一边,用洗瓶尖嘴吹洗烧杯内壁,以便将附着于杯壁上的沉淀全部转移到漏斗中,见图 9-4。最后,用最初撕下的小块滤纸角(即折叠滤纸时撕下的纸角)擦拭玻璃棒,再用玻璃棒蹭着滤纸角擦拭烧杯(往往有一些牢牢地粘着在烧杯壁上的沉淀洗不下来)。这块滤纸要放在漏斗中。

沉淀全部转移到滤纸上后,尚需在漏斗中再次洗涤,既洗净沉淀表面吸附的杂质,也洗去滤纸上沾附的母液。用洗瓶或胶帽滴管挤出洗涤液,从滤纸边缘处开始螺旋向下冲洗沉淀,使沉淀向滤纸底部集中,见图 9-5。待每次洗涤液流尽后再进行第二次洗涤。一般晶形沉淀反复洗涤 8~10 次,非晶形沉淀洗涤 10~20 次。检查洗涤效果,直至洗净为止。

5. 沉淀的包裹

从漏斗中取出洗净的沉淀和滤纸,按一定的操作方法进行包裹。对于晶形沉淀,用玻璃棒从滤纸的三层处将滤纸从漏斗壁上拨开,用洗净的手取出滤纸和沉淀,如图 9-6(a)所示程序折卷成小包,将沉淀包裹在里面。其步骤是:

(1)将滤纸对折成半圆形;

(2)自右端约 1/3 半径处向左折;

(3)由上边向下折;

(4)再自右向左卷起成为圆柱状小包。折成的滤纸包放入已恒重的瓷坩埚中。

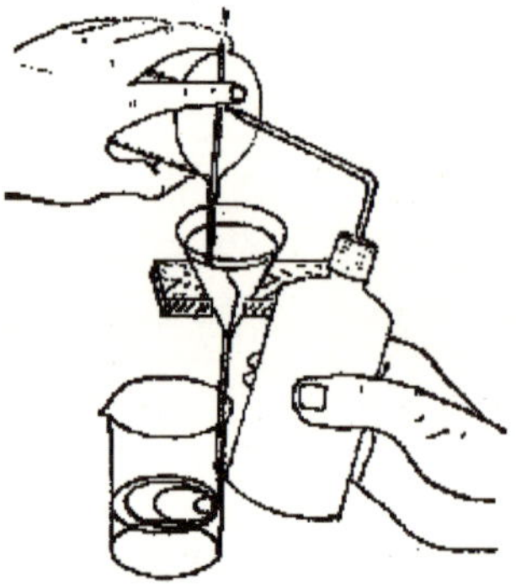

图 9-4 冲洗沉淀的方法

图 9-5 沉淀在漏斗中的洗涤

对于非晶形沉淀,因沉淀体积较大,可如图 9-6(b)所示,用玻璃棒把滤纸的边缘挑起向中间折叠,将沉淀全部盖住。然后小心取出,放入已恒重的坩埚中,使三层的滤纸部分向上,以便滤纸的炭化和灰化。

(a)晶形沉淀的包裹

(b)非晶形沉淀的包裹

图 9-6　沉淀的包裹

三、沉淀的烘干、灼烧和恒重

通常在 250 ℃以下的热处理称为烘干，250～1 200 ℃的热处理称为灼烧。

1. 烘干

将装有沉淀滤纸包的坩埚放在电炉上，坩埚盖半掩于坩埚上，加热使沉淀和滤纸慢慢干燥。在干燥过程中，温度不能太高，干燥不能过快，否则瓷坩埚与水滴接触易炸裂。

2. 炭化和灰化

炭化是滤纸和沉淀干燥后，继续加热，将滤纸烤成炭黑状。炭化过程中应防止滤纸着火燃烧，避免沉淀微粒随气流飞散损失。如果滤纸着火，应立即将坩埚盖盖好，让火自行熄灭，不可用嘴吹灭。

待滤纸炭化后，逐渐升高温度，用坩埚钳不断转动坩埚，使滤纸灰化。将含碳固体物质燃烧成 CO_2 而除去的过程称为灰化，滤纸若灰化完全，应不再呈黑色。

3. 灼烧

将灰化完全后的坩埚用专用坩埚钳移入高温炉中灼烧。先把坩埚放在打开炉门的炉膛口预热，再送入炉膛中心，盖上坩埚盖，稍稍错开留出一条缝，在规定的温度和时间范围内灼烧。

4. 冷却、称量及恒重

将灼烧好的坩埚从高温炉内取出，先放到石棉板上，等冷却到红热消退不感到烤手时，再移入干燥器中，在天平室冷却 15～20 min，直到与天平室温度相同，取出称量。在干燥器中冷却的初期，应推开干燥器盖数次，以调节气压，防止干燥器内因温度升高冲开干燥器盖，也防止坩埚冷却后，干燥器内压力降太低致使打开干燥器困难。

第一次灼烧、冷却和称量完成后，需再次进行灼烧、冷却和称量。通常在高温炉中灼烧沉淀时，第一次灼烧时间为 30～45 min，第二次灼烧时间为 15～20 min，冷却后称重，需连续两次称量结果相差在±0. 000 2 g 以内视为达到恒重。否则需反复灼烧，直到恒重。

在进行恒重称量时请特别注意，控制从干燥器中取出坩埚到在分析天平上称量读取数据的这段时间，应尽量使前后两次的称量读数时间段保持一致，这是易被忽视，但又是达到恒重的关键操作之一。

5. 干燥器的使用

干燥器是具有磨口盖子的密闭厚玻璃器皿，常用于保存恒重的坩埚、称量瓶、试样等物品，它的磨口边缘涂一层薄凡士林，使之能与盖子密合。干燥器底部盛放干燥剂，最常用的是变色硅胶。

干燥器的使用如图 9-7 所示。

(a)装干燥剂的方法　(b)干燥器的开启方法　(c)干燥器的搬动方法

图 9-7　干燥器的使用

注意事项如下。

(1)干燥剂不易放得过多，避免接触到坩埚底部，装干燥剂的方法如图 9-7(a)所示。

(2)打开干燥器时，不能往上掀盖子，左手按住干燥器，右手小心把盖子稍微推开，如图 9-7(b)所示，等冷空气徐徐进入后，才能完全推开，盖子必须仰放在桌上。

(3)搬动干燥器时，要用双手拿着，用拇指紧紧按住盖子，如图 9-7(c)所示。

(4)不可将太热的物品放入干燥器中。

(5)有较热的物品放入干燥器后，空气受热膨胀会把盖子顶起来，为防止盖子被打翻，应用手按住，不时把盖子稍微推开再合上，以放出热空气。

(6)灼烧或烘干后的坩埚或沉淀，在干燥器中不易存放过久，否则会应吸收水分而使质量略有增加。

(7)变色硅胶干燥时为蓝色，受潮后变为粉红色。可在 120 ℃烘至蓝色反复使用，直至破碎不能用为止。

实验十三　氯化钡中钡含量的测定($BaSO_4$ 重量法)

一、实验目的

1. 掌握沉淀重量法测定钡含量的基本原理,并能根据实验数据正确计算结果。
2. 学会沉淀、过滤、洗涤、灼烧及恒重等重量分析基本操作技术。
3. 加深对晶形沉淀及沉淀条件的理解。

二、方法原理

硫酸钡重量法测定氯化钡含量是利用如下沉淀反应:

$$Ba^{2+}+SO_4^{2-} \xlongequal{} BaSO_4\downarrow$$

所得沉淀经陈化、过滤、洗涤、烘干、炭化、灰化、灼烧至恒重,以 $BaSO_4$ 形式称重,即可求得氯化钡中钡的含量。

$BaSO_4$ 是典型的晶形沉淀,初生成的沉淀是颗粒细小的晶体,在过滤时易穿过滤纸进入溶液,造成损失。因此,要求得到颗粒较粗大而又纯净的 $BaSO_4$ 晶体,在沉淀 $BaSO_4$ 时,应特别注意选择有利于形成颗粒粗大晶体的沉淀条件。实验中,选择用稀盐酸酸化,并加热近沸,在不断搅动下,缓慢地加入热的稀 H_2SO_4 溶液,形成微溶于水的 $BaSO_4$ 沉淀,然后让所得沉淀静置陈化使晶体粗大。

Ba^{2+}可生成一系列微溶化合物,如 $BaCO_3$、BaC_2O_4、$BaCrO_4$、$BaHPO_4$、$BaSO_4$ 等,其中以 $BaSO_4$ 的溶解度为最小。在 100 ℃时, 100 mL 溶液溶解 0.4 mg $BaSO_4$,25 ℃时仅溶解 0.25 mg $BaSO_4$。在有过量沉淀剂 SO_4^{2-} 存在时,$BaSO_4$ 的溶解度大为减少,其溶解量可以忽略不计。

一般控制在 0.05 mol/L 左右盐酸介质中进行沉淀,是可防止产生 $BaCO_3$、$BaHPO_4$、$Ba(OH)_2$ 等的共沉淀。同时适当提高酸度,增加 $BaSO_4$ 的溶解度,以降低其相对过饱和度,有利于获得较粗大的晶形沉淀。

用 $BaSO_4$ 重量法测定 Ba^{2+}时,一般用稀 H_2SO_4 作沉淀剂。为使 $BaSO_4$ 沉淀完全,H_2SO_4 必须过量。由于 H_2SO_4 在高温下可挥发除去,沉淀带来的 H_2SO_4 不致引起误差,因此沉淀剂可过量 50%~100%。

硫酸铅和硫酸锶的溶解度都很小,所以 Pb^{2+}、Sr^{2+}的存在对氯化钡测定有干扰。

三、仪器试剂

1. 主要仪器

马弗炉、坩埚、烧杯、量筒、表面皿、干燥器、坩埚钳、滤纸、水浴锅、分析天平。

2. 主要溶液

HCl 溶液(2 mol/L)、H_2SO_4 溶液(1 mol/L)、$AgNO_3$ 溶液(0.1 mol/L)、$BaCl_2\cdot 2H_2O$(AR)。

四、实验步骤

【动画：马弗炉的使用】

1. 瓷坩埚的准备

洗净瓷坩埚，烘干，然后在高温 800~850 ℃下灼烧。第一次灼烧 30~45 min，取出稍冷片刻。转入干燥器中冷至室温后称量。第二次灼烧 15~20 min，取出稍冷，转入干燥器中冷至室温后，再称量。如此操作直至瓷坩埚恒重为止。

2. 分析步骤

（1）沉淀结晶

准确称取 0.4~0.6 g $BaCl_2 \cdot 2H_2O$ 试样 3 份，分别置于 250 mL 烧杯中，加水约 70 mL、2~3 mL 2 mol/L HCl，盖上表面皿，加热近沸，但勿使溶液沸腾，以防溅失。与此同时，另取 30 mL 1 mol/L H_2SO_4 溶液 3 份，置于小烧杯中，加热近沸，然后将热沸的 H_2SO_4 溶液缓慢地加入热的钡盐溶液中，并用玻璃棒不断搅拌。

（2）陈化

待沉淀沉下后，在上层清液中加入 1~2 滴 1 mol/L H_2SO_4，仔细观察沉淀是否完全，如已沉淀完全，盖上表面皿，将玻璃棒靠在烧杯嘴边（切勿将玻璃棒拿出杯外，以免损失沉淀），置于水浴或沙浴上加热，陈化 0.5~1 h（或在室温下放置过夜）。

图 9-8 沉淀的结晶和陈化（视频）

沉淀的结晶和陈化视频可扫描图 9-8 观看学习。

（3）过滤与洗涤

溶液冷却后，用慢速定量滤纸以倾注法过滤，再以稀 H_2SO_4 洗涤液（2~4 mL 1 mol/L H_2SO_4 稀释至 200 mL）洗涤沉淀 3~4 次，每次用量约 10 mL，均用倾注法过滤。然后将沉淀小心地转移至滤纸上，并用一小片滤纸擦净杯壁。将滤纸片放在漏斗内的滤纸上，再用水洗涤沉淀至无氯离子为止（用 $AgNO_3$ 溶液检查）。

沉淀的过滤和洗涤可扫描图 9-9 观看学习。

（4）沉淀的干燥、碳化、灰化与恒重

图 9-9 沉淀的过滤和洗涤（视频）

用滤纸包裹住沉淀，将其放入已恒重了的瓷坩埚中，在电炉上小火烘烤，使之干燥。待滤纸干燥后继续加热，使滤纸逐渐炭化，此过程中注意防止滤纸着火燃烧，如果滤纸着火，应立即使用坩埚盖盖住，让火自然熄灭。炭化完后加大火力，用坩埚钳转动坩埚，直到坩埚中只剩灰白色物质为止。灰化后，将装有沉淀的坩埚放入马弗炉，在 800~850 ℃灼烧至恒重，计算氯化钡中钡的质量分数。取 3 次平行测定结果的平均值为氯化钡中钡的质量分数。

沉淀的干燥、炭化、灰化、恒重视频可扫描图 9-10 观看学习。

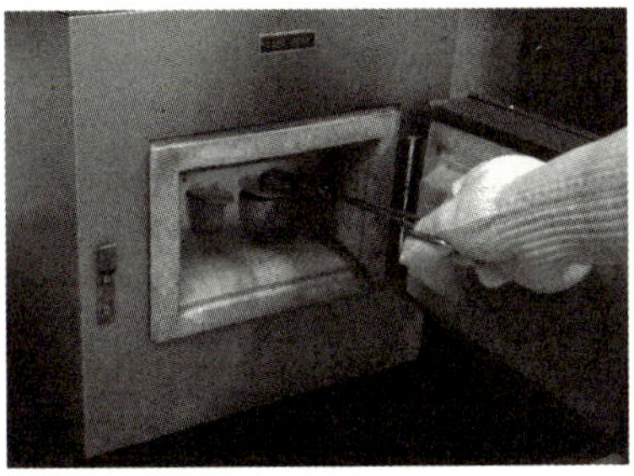

图 9-10　沉淀的干燥、炭化、灰化、恒重(视频)

五、数据记录及处理

1. 氯化钡中钡含量的测定实验数据记录见表 9-1。

表 9-1　实验数据记录

项目		1	2	3
恒重的瓷坩埚的质量/g				
氯化钡试样的称量	(称量瓶+试样)质量 m_1/g			
	(称量瓶+试样)质量 m_2/g			
	试样的质量/g			
$BaSO_4$ 沉淀的质量/g				
氯化钡中钡的质量分数 $w(Ba)$/%				
平均值$\bar{w}(Ba)$/%				
相对极差/%				

2. 结果计算(计算公式由学生课前自行推导)

氯化钡中钡的质量分数的计算。

六、思考题

1. 为什么要在稀 HCl 介质中沉淀硫酸钡?
2. 为什么沉淀 $BaSO_4$ 要在热溶液中进行而在冷却后过滤?沉淀后为什么要陈化?
3. 什么叫作恒重?什么叫作倾注法过滤?

七、实验预习报告及实验报告的撰写

1. 课前按照老师的要求撰写实验预习报告,见附件 1。
2. 实验结束撰写实验报告,见附件 2。

附件 1

实验预习报告

实验名称：氯化钡中钡含量的测定（$BaSO_4$ 重量法）

班　　级：____________________

姓　　名：____________________

同 组 人：____________________

日　　期：____________________

场　　地：____________________

得　　分：____________________

一、实验方法及原理

二、仪器、试剂

三、主要实验步骤

四、问题及讨论（围绕方法要点或老师课前提出的问题讨论）

附件2

实 验 报 告

实验名称：氯化钡中钡含量的测定（$BaSO_4$ 重量法）

班　　级：________________

姓　　名：________________

同 组 人：________________

日　　期：________________

场　　地：________________

得　　分：________________

一、实验方法及原理

二、实验数据记录及处理

氯化钡中钡含量的测定实验数据记录及处理见表 1。

表 1　实验数据记录及处理

<table>
<tr><td colspan="2">项目</td><td>1</td><td>2</td><td>3</td></tr>
<tr><td colspan="2">恒重的瓷坩埚的质量/g</td><td colspan="3"></td></tr>
<tr><td rowspan="3">氯化钡
试样的称量</td><td>(称量瓶+试样)质量 m_1/g</td><td></td><td></td><td></td></tr>
<tr><td>(称量瓶+试样)质量 m_2/g</td><td></td><td></td><td></td></tr>
<tr><td>试样的质量/g</td><td></td><td></td><td></td></tr>
<tr><td colspan="2">$BaSO_4$ 沉淀的质量/g</td><td></td><td></td><td></td></tr>
<tr><td colspan="2">氯化钡中钡的质量分数 w(Ba)/%
计算公式</td><td colspan="3"></td></tr>
<tr><td colspan="2">氯化钡中钡的质量分数 w(Ba)/%</td><td></td><td></td><td></td></tr>
<tr><td colspan="2">平均值 $\overline{w}$(Ba)/%</td><td colspan="3"></td></tr>
<tr><td colspan="2">相对极差/%</td><td colspan="3"></td></tr>
</table>

三、问题讨论

1. 为什么要在稀 HCl 介质中沉淀硫酸钡?

2. 为什么沉淀 $BaSO_4$ 要在热溶液中进行而在冷却后过滤？沉淀后为什么要陈化？

3. 什么叫作恒重？什么叫作倾注法过滤？

附 录

附录 A 常用酸碱溶液的浓度(15 ℃)

表 A.1 常用酸碱溶液的浓度(15℃)

溶液名称	密度 ρ/(g·mL^{-1})	质量百分浓度/%	(物质的量)浓度 c/(mol·L^{-1})
浓硫酸 H_2SO_4	1.84	95~96	18
稀硫酸 H_2SO_4	1.18	25	3
稀硫酸 H_2SO_4	1.06	9	1
浓盐酸 HCl	1.19	38	12
稀盐酸 HCl	1.10	20	6
稀盐酸 HCl	1.03	7	2
浓硝酸 HNO_3	1.40	65	14
稀硝酸 HNO_3	1.20	32	6
稀硝酸 HNO_3	1.07	12	2
浓磷酸 H_3PO_4	1.7	85	15
稀磷酸 H_3PO_4	1.05	9	1
稀高氯酸 $HClO_4$	1.12	19	2
浓氢氟酸 HF	1.13	40	23
氢溴酸 HBr	1.38	40	7
氢碘酸 HI	1.70	57	7.5
冰醋酸 CH_3COOH	1.05	99~100	17.5
稀醋酸 CH_3COOH	1.04	35	6
稀醋酸 CH_3COOH	1.02	12	2
浓氢氧化钠 NaOH	1.36	33	11
稀氢氧化钠 NaOH	1.09	8	2
浓氨水 NH_3(aq)	0.88	35	18
浓氨水 NH_3(aq)	0.91	25	13.5
稀氨水 NH_3(aq)	0.96	11	6
稀氨水 NH_3(aq)	0.99	3.5	2

附录 B 弱酸弱碱在水中的解离常数

表 B.1 弱酸弱碱在水中的解离常数

化学式	电离常数(K)	pK
HAc	$K=1.75\times10^{-5}$	4.756
H_2CO_3	$K_1=4.37\times10^{-7}$	6.36
	$K_2=4.68\times10^{-11}$	10.33
$H_2C_2O_4$	$K_1=5.89\times10^{-2}$	1.23
	$K_2=6.46\times10^{-5}$	4.19
HNO_2	$K=7.24\times10^{-4}$	3.14
H_3PO_4	$K_1=7.08\times10^{-3}$	2.15
	$K_2=6.31\times10^{-8}$	7.20
	$K_3=4.17\times10^{-13}$	12.38
SO_2+H_2O	$K_1=1.29\times10^{-2}$	1.89
	$K_2=6.16\times10^{-8}$	7.21
H_2SO_4	$K_2=1.02\times10^{-2}$	1.99
H_2S	$K_1=1.07\times10^{-7}$	6.97
	$K_2=1.26\times10^{-13}$	12.90
HCN	$K=6.17\times10^{-10}$	9.21
H_2CrO_4	$K_1=9.55$	-0.98
	$K_2=3.16\times10^{-7}$	6.50
HF	$K=6.61\times10^{-4}$	3.18
H_2O_2	$K=2.24\times10^{-12}$	11.65
$NH_3\cdot H_2O$	$K=1.79\times10^{-5}$	4.75
NH_4^+	$K=5.56\times10^{-10}$	9.25
HClO	$K=2.88\times10^{-8}$	7.54
HBrO	$K=2.06\times10^{-9}$	8.69
HIO	$K=2.3\times10^{-11}$	10.64
$Pb(OH)_2$	$K=9.6\times10^{-4}$	3.02
AgOH	$K=1.1\times10^{-4}$	3.96
$Zn(OH)_2$	$K=9.6\times10^{-4}$	3.02
NH_2OH	$K=1.07\times10^{-8}$	7.97
$NH_2\cdot NH_2$	$K=1.7\times10^{-6}$	5.77

注:近似浓度 0.01~0.003 mol/L,25 ℃。

附录 C　一些难溶化合物的溶度积常数(18 ℃)

表 C.1　一些难溶化合物的溶度积常数(18 ℃)

化合物	K_{sp}	化合物	K_{sp}	化合物	K_{sp}
AgBr	5.0×10^{-13}	$CaHPO_4$	1×10^{-7}	$MgCO_3$	3.5×10^{-8}
Ag_2CO_3	8.1×10^{-12}	$Ca_3(PO_4)_2$	2.0×10^{-29}	MgF_2	6.5×10^{-9}
$Ag_2C_2O_4$	3.4×10^{-11}	$CaSO_4$	9.1×10^{-6}	$Mg(OH)_2$	1.8×10^{-11}
AgCl	1.8×10^{-10}	$Cr(OH)_3$	6.3×10^{-31}	$MnCO_3$	1.8×10^{-11}
Ag_2CrO_4	1.1×10^{-12}	$Co(OH)_2$	1.4×10^{-13}	$Mn(OH)_2$	1.9×10^{-13}
$Ag_2Cr_2O_7$	2.0×10^{-7}	$Co(OH)_2$(新析出)	1.6×10^{-15}	MnS(无定形)	2.5×10^{-10}
$AgIO_3$	3.0×10^{-8}	$Co(OH)_3$	1.6×10^{-44}	(结晶)	2.5×10^{-13}
AgI	8.3×10^{-17}	α-CoS	4.0×10^{-21}	$NiCO_3$	6.6×10^{-9}
Ag_3PO_4	1.4×10^{-16}	β-CoS	2.0×10^{-25}	$Ni(OH)_2$(新析出)	2.0×10^{-15}
Ag_2PO_4	1.4×10^{-5}	CuBr	5.3×10^{-9}	α-NiS	3.2×10^{-19}
Ag_2S	6.3×10^{-50}	CuCl	1.2×10^{-6}	β-NiS	1.0×10^{-24}
$Al(OH)_3$(无定形)	1.3×10^{-33}	CuCN	3.2×10^{-20}	γ-NiS	2.0×10^{-25}
$BaCO_3$	5.1×10^{-9}	$CuCO_3$	1.4×10^{-10}	$PbBr_2$	4.0×10^{-5}
$BaCrO_4$	1.2×10^{-10}	$CuCrO_4$	3.6×10^{-6}	$PbCO_3$	7.4×10^{-14}
BaF_2	1.0×10^{-6}	CuI	1.1×10^{-12}	PbC_2O_4	4.3×10^{-10}
BaC_2O_4	1.6×10^{-7}	CuO	1×10^{-14}	$PbCl_2$	1.6×10^{-5}
$Ba_3(PO_4)_2$	3.4×10^{-23}	$Cu(OH)_2$	2.2×10^{-20}	$PbCrO_4$	2.8×10^{-13}
$BaSO_4$	1.1×10^{-10}	Cu_2S	2.5×10^{-48}	PbI_2	7.1×10^{-9}
$BaSO_3$	8×10^{-7}	CuS	6.3×10^{-36}	$Pb_3(PO_4)_2$	8.0×10^{-43}
BaS_2O_3	1.6×10^{-5}	$FeCO_3$	3.2×10^{-11}	$PbSO_4$	1.6×10^{-8}
$Bi(OH)_3$	4×10^{-31}	$Fe(OH)_2$	8.0×10^{-16}	PbS	8.0×10^{-28}
BiOCl	1.8×10^{-31}	$FeC_2O_4\cdot2H_2O$	3.2×10^{-7}	$Sn(OH)_2$	1.4×10^{-28}
Bi_2S_3	1×10^{-97}	$Fe(OH)_3$	4×10^{-38}	$Sn(OH)_4$	1×10^{-56}
$CdCO_3$	5.2×10^{-12}	$FePO_4$	1.3×10^{-22}	SnS	1.0×10^{-25}
$Cd(OH)_2$(新析出)	2.5×10^{-14}	FeS	6.3×10^{-18}	$ZnCO_3$	1.4×10^{-11}
CdS	8.0×10^{-27}	$K_2(PtCl_6)$	1.1×10^{-5}	ZnC_2O_4	2.7×10^{-8}
$CaCO_3$	2.8×10^{-9}	Hg_2I_2	4.5×10^{-29}	$Zn(OH)_2$	1.2×10^{-17}
$CaC_2O_4\cdot H_2O$	4×10^{-9}	Hg_2SO_4	7.4×10^{-7}	α-ZnS	1.6×10^{-24}
$CaCrO_4$	7.1×10^{-4}	Hg_2S	1.0×10^{-47}	β-ZnS	2.5×10^{-22}
CaF_2	5.3×10^{-9}	HgS(红)	4×10^{-53}		
$Ca(OH)_2$	5.5×10^{-6}	HgS(黑)	1.6×10^{-52}		

附录 D　标准电极电位(25 ℃)

表 D.1　标准电极电位(25 ℃)

半反应	$E^{\ominus}/V$	半反应	$E^{\ominus}/V$
$Li+e^{-}=Li$	-3.045	$AgCN+e^{-}=Ag+CN^{-}$	-0.017
$Ca(OH)_2+2e^{-}=Ca+2OH$	-3.020	$2H^{+}+2e^{-}=H_2$	0.000
$Rb^{+}+e^{-}=Rb$	-2.925	$AgBr+e^{-}=Ag+Br^{-}$	0.071 3
$K^{-}+e=K$	-2.924	$Sn^{4}+2e^{-}=Sn^{2+}$	0.150
$Cs^{-1}+e^{-}=Cs$	-2.923	$Cu^{2-}+e^{-}=Cu^{+}$	0.158
$Ba^{2+}+2e^{-}=Ba$	-2.912	$ClO_4^{-}+H_2O+2e^{-}=ClO_3^{-}-2OH^{-}$	0.360
$Sr^{2+}+2e^{-}=Sr$	-2.890	$SO_2^{2-}+4H^{+}+2e^{-}=H_2SO_3+H_2O$	0.170
$Na^{+}+e^{-}=Na$	-2.713	$AgCl+e^{-}=Ag+Cl$	0.222
$Mg^{2+}+2e^{-}=Mg$	-2.375	$Cu^{2+}+2e^{-}=Cu$	0.223
$H_2(g)+2e^{-}=2H^{-}$	-2.230	$Ag_2O+H_2O+2e^{-}=2Ag+2OH^{-}$	0.340
$AlF_6^{3-}+3e^{-}=Al+6F^{-}$	-2.232	$ClO_2^{-}+H_2O+2e^{-}=ClO^{-}+2OH^{-}$	0.342
$Be^{2+}+2e^{-}=Be$	-1.847	$O_2+2H_2O+4e^{-}=4OH^{-}$	0.350
$Al^{3+}+3e^{-}=Al(0.1\ mol\cdot dm^{-3}\ NaOH)$	-1.706	$[Fe(CN)_6]^{3-}+e^{-}=[Fe(CN)_6]^{4-}$	0.401
$Mn(OH)_2+2e^{-}=Mn+2OH^{-}$	-1.470	$Hg_2^{2+}+2e^{-}=2Hg$	0.690
$ZnO_2^{-}+2H_2O+2e^{-}=Zn+4OH^{-}$	-1.216	$Ag^{+}+e^{-}=Ag$	0.792
$Zn^{2+}+2e^{-}=Zn$	-0.763	$2NO_3^{-}+4H^{+}+2e^{-}=N_2O_4+2H_2O$	0.799 6
$Mn^{2+}+3e^{-}=Mn$	-1.170	$Hg^{2+}+2e^{-}=2Hg$	0.810
$Sn(OH)_6+2e^{-}=HSnO_2^{-}+H_2O+3OH^{-}$	-0.960	$ClO^{-}+H_2O+2e^{-}=Cl^{-}+2OH^{-}$	0.851
$2H_2O+2e^{-}=H_2+2OH^{-}$	-0.827 7	$2Hg^{2+}+2e^{-}=2Hg_2^{2+}$	0.900
$Cr^{3+}+3e^{-}=Cr$	-0.744	$Br_2(l)+2e^{-}=2Br^{-}$	0.907
$Ni(OH)_2+2e^{-}=Ni+2OH^{-}$	0.720	$MnO_2+4H^{+}+2e^{-}=Mn^{2+}+2H_2O$	1.087
$Fe(OH)_2+3e^{-}=Fe(OH)_2+OH^{-}$	-0.560	$O_2+4H^{+}+4e^{-}=2H_2O$	1.208
$CO_2(g)+2H^{+}+2e^{-}=H_2C_2O_4$	-0.490	$Pb^{2+}+2e^{-}=Pb$	1.229
$NO_2^{-}+H_2O+e^{-}=NO+2OH^{-}$	-0.460	$Cr_2O_7^{2-}+14H^{+}+6e=2Cr^{3+}+7H_2O$	1.330
$Cr^{3+}+e^{-}=Cr^{2+}$	-0.740	$I_2+2e^{-}=2I^{-}$	0.538
$Fe^{2+}+e^{-}=Fe$	-0.409	$MnO_4^{-}+e^{-}=MnO_4^{2-}$	0.564
$Fe^{3+}+3e^{-}=Fe$	-0.036	$MnO_4^{-}+4H^{+}+3e^{-}=MnO_2+2H_2O$	1.695
$Ni^{2+}+2e^{-}=Ni$	-0.250	$O(g)+2H^{+}+2e^{-}=H_2O$	2.422
$2SO_4^{2-}+4H^{+}+2e^{-}=S_4O_6^{2-}+2H_2O$	-0.200	$O_3+2H^{+}+2e^{-}=O_2+H_2O$	2.070
$Sn^{2+}+2e^{-}=Sn$	-0.136	$MnO_4^{-}+8H^{+}+5e^{-}=Mn^{2+}+4H_2O$	1.510
$Pb^{2+}+2e^{-}=Pb$	-0.126		

附录 E　部分配离子的稳定常数和不稳定常数

表 E.1　部分配离子的稳定常数和不稳定常数

配离子	$K_{稳}$	lg $K_{稳}$	$K_{不稳}$	lg $K_{不稳}$
$[AgBr_2]^-$	2.14×10^{7}	7.33	4.67×10^{-6}	-7.33
$[Ag(CN)_2]^-$	1.26×10^{21}	21.1	7.94×10^{-22}	-21.1
$[AgCl_2]^-$	1.10×10^{5}	5.04	9.00×10^{-6}	-5.04
$[AgI_2]^-$	5.5×10^{11}	11.74	1.82×10^{-10}	-11.74
$[Ag(NH_3)_2]^-$	1.12×10^{7}	7.05	8.93×10^{-3}	-7.05
$[Ag(S_2O_3)_2]^{3-}$	2.89×10^{13}	13.46	3.46×10^{-14}	-13.46
$[Co(NH_3)_6]^{2+}$	1.29×10^{5}	5.11	7.75×10^{-6}	-5.11
$[Cu(CN)_2]^-$	1×10^{24}	24.0	1×10^{-24}	-24.0
$[Cu(NH_3)_2]^+$	7.24×10^{10}	10.86	1.38×10^{-11}	-10.86
$[Cu(NH_3)_4]^{2+}$	2.09×10^{13}	13.32	4.78×10^{-14}	-13.32
$[Cu(P_2O_7)_2]^{6-}$	1×10^{9}	9.0	1×10^{-9}	-9.0
$[Cu(SCN)_2]^-$	1.52×10^{5}	5.18	6.58×10^{-6}	-5.18
$[Fe(CN)_6]^{3-}$	1×10^{42}	42.0	1×10^{-42}	-42.0
$[FeF_6]^{3-}$	2.01×10^{14}	14.31	4.90×10^{-15}	-14.31
$[HgBr_4]^{2-}$	1×10^{21}	21.0	1×10^{-21}	-21.0
$[Hg(CN)_4]^{2-}$	2.51×10^{41}	41.4	3.98×10^{-42}	-41.4
$[HgCl_4]^{2-}$	1.17×10^{15}	15.07	8.55×10^{-16}	-15.07
$[HgI_4]^{2-}$	6.76×10^{29}	29.83	1.48×10^{-38}	-29.83
$[Ni(NH_3)_6]^{2-}$	5.50×10^{8}	8.74	1.82×10^{-9}	-8.24
$[Ni(en)_3]^{2+}$	2.14×10^{18}	18.33	4.67×10^{-19}	-18.33
$[Zn(CN)_4]^{2-}$	5.0×10^{15}	16.7	2.0×10^{-47}	-16.7
$[Zn(NH_3)_4]^{2-}$	2.87×10^{9}	9.46	3.48×10^{-10}	-9.46
$[Zn(cn)_2]^{2+}$	6.76×10^{10}	10.83	1.48×10^{-11}	-10.83

附录 F 国际相对原子质量表

表 F.1 国际相对原子质量表

元素		相对原子质量	元素		相对原子质量	元素		相对原子质量	元素		相对原子质量
符号	名称		符号	名称		符号	名称		符号	名称	
Ac	锕	(227)	Er	铒	167.26	Mn	锰	54.938 05	Ru	钌	101.07
Ag	银	107.868 2	Es	锿	(254)	Mo	钼	95.94	S	硫	32.066
Al	铝	26.981 54	Eu	铕	151.964	N	氮	14.006 74	Sb	锑	121.760
Am	镅	(243)	F	氟	18.998 40	Na	钠	22.989 77	Sc	钪	44.955 91
Ar	氩	39.948	Fe	铁	55.845	Nb	铌	92.906 38	Se	硒	78.96
As	砷	74.921 60	Fm	镄	(257)	Nd	钕	144.24	Si	硅	28.085 5
At	砹	(210)	Fr	钫	(223)	Ne	氖	20.179 7	Sm	钐	150.36
Au	金	196.966 55	Ga	镓	69.723	Ni	镍	58.693 4	Sn	锡	118.710
B	硼	10.811	Gd	钆	157.25	No	锘	(254)	Sr	锶	87.62
Ba	钡	137.327	Ge	锗	72.61	Np	镎	237.048 2	Ta	钽	180.947 9
Be	铍	9.012 18	H	氢	1.007 94	O	氧	15.999 4	Tb	铽	158.925 34
Bi	铋	208.980 38	He	氦	4.002 60	Os	锇	190.23	Tc	锝	98.906 2
Bk	锫	(247)	Hf	铪	178.49	P	磷	30.973 76	Te	碲	127.60
Br	溴	79.904	Hg	汞	200.59	Pa	镤	231.035 88	Th	钍	232.038 1
C	碳	12.010 7	Ho	钬	164.930 32	Pb	铅	207.2	Ti	钛	47.867
Ca	钙	40.078	I	碘	126.904 47	Pd	钯	106.42	Tl	铊	204.383 3
Cd	镉	112.411	In	铟	114.818	Pm	钷	(145)	Tm	铥	168.934 21
Co	铈	140.116	Ir	铱	192.217	Po	钋	(~210)	U	铀	238.028 9
Cf	锎	(251)	K	钾	39.098 3	Pr	镨	140.907 65	V	钒	50.941 5
Cl	氯	35.452 7	Kr	氪	83.80	Pt	铂	195.078	W	钨	183.84
Cm	锔	(247)	La	镧	138.905 5	Pu	钚	(224)	Xe	氙	131.29
Co	钴	58.933 20	Li	锂	6.941	Ra	镭	226.025 4	Y	钇	88.905 85
Cr	铬	51.996 1	Lr	铹	(257)	Rb	铷	85.4678	Yb	镱	173.04
Cs	铯	132.905 45	Lu	镥	174.967	Re	铼	186.207	Zn	锌	65.39
Cu	铜	63.546	Md	钔	(256)	Rh	铑	102.905 5	Zr	锆	91.224
Dy	镝	162.50	Mg	镁	24.305 0	Rn	氡	(222)			

附录 G 一些化合物的相对分子质量

表 G.1 一些化合物的相对分子质量

化合物分子式	相对分子质量	化合物分子式	相对分子质量	化合物分子式	相对分子质量
Ag_2AsO_4	462.52	$CaSO_4$	136.14	MgO	40.304
AgI	234.77	$CdCO_3$	172.42	$Mg(OH)_2$	58.32
AgBr	187.77	$CdCl_2$	183.32	$Fe(NO_3)_3$	241.86
AgCl	143.32	$C_6H_4COOHCOOK$	204.23	$Fe(NO_3)_3 \cdot 9H_2O$	404.00
$AgNO_3$	169.87	(邻苯二甲酸氢钾)		FeO	71.846
AgCN	133.89	CdS	144.47	Fe_2O_3	159.69
AgSCN	165.95	$Ce(SO_4)_2$	332.24	Fe_3O_4	231.54
Ag_2CrO_4	331.73	$Ce(SO_4)_2 \cdot 4H_2O$	404.30	$Fe(OH)_3$	106.87
$AlCl_3$	133.34	$CoCl_2$	129.84	$C_4H_8N_2O_2$	116.12
$AlCl_3 \cdot 6H_2O$	241.43	$Co(NO_3)_2$	237.93	(丁二酮肟)	
$Al(NO_3)_3$	213.00	$Co(NO_3)_2$	182.94	$FeCl_2$	126.75
$Al(NO_3)_3 \cdot 9H_2O$	375.13	$Co(NO_3)_2 \cdot 6H_2O$	291.03	$FeCl_2 \cdot 4H_2O$	198.81
Al_2O_3	101.96	CoS	90.99	$FeCl_3$	162.21
$Al(OH)_3$	78.00	$CoSO_4$	154.99	$FeCl_3 \cdot 6H_2O$	270.30
$Al_2(SO_4)_3$	342.14	$CoSO_4 \cdot 7H_2O$	281.10	FeS	87.91
$Al_2(SO_4)_3 \cdot 18H_2O$	666.41	$CO(NH_2)_2$	60.05	Fe_2S_3	207.87
As_2S_3	246.02	$CrCl_3$	158.35	$FeSO_4$	151.90
As_2S_3	197.84	$CrCl_3 \cdot 6H_2O$	266.45	$FeSO_4 \cdot 7H_2O$	278.01
As_2S_5	229.84	$Cr(NO_3)_3$	238.01	$FeNH_4(SO_4)_2 \cdot 12H_2O$	482.18
$BaCO_3$	197.34	Cr_2O_3	151.99	$Fe(NH_4)_2(SO_4)_2 \cdot 6H_2O$	392.13
BaC_2O_4	225.35	CuCl	98.999	H_3AsO_3	125.94
$BaCl_2$	208.24	$CuCl_2$	134.45	H_3AsO_4	141.94
$BaCl_2 \cdot 2H_2O$	244.27	$CuCl_2 \cdot 2H_2O$	170.48	H_3BO_3	61.83
$BaCrO_4$	253.32	CuSCN	121.62	HBr	80.912
BaO	153.33	CuI	190.45	HCN	27.026
$Ba(OH)_2$	171.34	$Cu(NO_3)_2$	187.56	HCOOH	46.026
$BaSO_4$	233.39	$Cu(NO_3)_2 \cdot 3H_2O$	241.60	H_2CO_3	62.025
$BiCl_3$	315.34	CuO	79.545	$H_2C_2O_4$	90.035
BiOCl	260.43	Cu_2O	143.09	$H_2C_2O_4 \cdot 2H_2O$	126.07
CO_2	44.01	CuS	95.61	HCl	36.461

表 G.1 （续 1）

化合物分子式	相对分子质量	化合物分子式	相对分子质量	化合物分子式	相对分子质量
CaO	56.08	$CuSO_4$	159.60	HF	20.006
$CaCO_3$	100.09	$CuSO_4 \cdot 5H_2O$	249.68	HI	127.91
CaC_2O_4	128.10	CH_3COOH	60.052	HIO_3	175.91
$CaCl_2$	110.99	CH_3COONa	82.034	HNO_3	63.013
$CaCl_2 \cdot 6H_2O$	219.08	$CH_3COON \cdot 3H_2O$	136.08	HNO_2	47.013
$Ca(NO_3)_2 \cdot 4H_2O$	236.15	MgC_2O_4	112.33	H_2O	18.015
$Ca(OH)_2$	74.09	$Mg(NO_3)_2 \cdot 6H_2O$	256.41	H_2O_2	34.015
$Ca_3(PO_4)_2$	310.18	$MgNH_4PO_4$	137.32	Na_2CO_3	105.99
$Na_2CO_3 \cdot 10H_2O$	286.14	K_2SO_4	174.25	$NaOH$	39.997
$Na_2C_2O_4$	134.00	$MgCO_3$	84.314	Na_3PO_4	153.94
$NaCl$	58.443	$MgCl_2$	95.211	Na_2S	78.04
$NaClO$	74.442	$MgCl_2 \cdot 6H_2O$	203.30	$Na_2S \cdot 9H_2O$	240.18
$KBrO_3$	167.00	$Pb_3(PO_4)_2$	811.54	Na_2SO_3	126.04
KCl	74.551	PbS	239.30	Na_2SO_4	142.04
$KClO_2$	122.55	$PbSO_4$	303.30	$Na_2S_2O_3$	158.10
$KClO_4$	138.55	SO_2	80.06	$Na_2S_2O_3 \cdot 5H_2O$	248.17
KCN	65.116	$Mg_2P_2O_7$	222.55	$NiCl_2 \cdot 6H_2O$	237.69
$KSCN$	97.18	$MgSO_4 \cdot 7H_2O$	246.47	NiO	74.69
K_2CO_3	138.21	$MnCO_3$	114.95	$Ni(NO_3)_2 \cdot 6H_2O$	290.79
K_2CrO_4	194.19	$MnCl_2 \cdot 4H_2O$	197.91	$NiSO_4 \cdot 7H_2O$	280.85
$K_2Cr_2O_7$	294.18	$Mn(NO_3)_2 \cdot 6H_2O$	287.04	P_2O_5	141.94
$(C_9H_7N)_3H_3PO_4 \cdot 12MoO_3$（磷钼酸喹啉）	2 212.7	MnO	70.937	$PbCO_3$	267.20
		MnO_2	86.937	$Pb(CH_3COO)_2$	325.30
H_3PO_4	97.995	MnS	87.00	$SnCl_2$	189.60
H_2S	34.08	$MnSO_4$	151.00	$SnCl_4$	260.50
H_2SO_3	82.07	$MnSO_4 \cdot 4H_2O$	223.06	SnS	150.75
H_2SO_4	98.07	NO	30.006	$SrCO_3$	147.63
$Hg(CN)_2$	252.36	NO_2	46.006	SrC_2O_4	175.64
$HgCl_2$	271.50	NH_3	17.03	$Sr(NO_3)_2$	211.63
Hg_2Cl_2	472.09	CH_3COONH_4	77.083	$SrSO_4$	183.68
HgI_2	454.40	NH_4Cl	53.491	$ZnCO_3$	125.39
$Hg_2(NO_3)_2$	525.19	$(NH_4)_2CO_2$	96.086	ZnC_2O_4	153.40
$Hg_2(NO_3)_2 \cdot 6H_2O$	561.22	$(NH_4)_2C_2O_4$	124.10	$ZnCl_2$	136.29

表 G.1(续 2)

化合物分子式	相对分子质量	化合物分子式	相对分子质量	化合物分子式	相对分子质量
$Hg(NO_3)_2$	324.60	$(NH_4)_2C_2O_4 \cdot H_2O$	142.11	$Zn(CH_3COO)_2$	183.47
HgO	216.59	NH_4SCN	76.12	$Zn(CH_3COO)_2 \cdot 2H_2O$	219.50
HgS	232.65	NH_4HCO_3	79.055	$Zn(NO_3)_2$	189.50
$HgSO_4$	296.65	$(NH_4)_2MoO_4$	196.01	$Zn(NO_3)_2 \cdot 6H_2O$	297.48
Hg_2SO_4	497.24	NH_4NO_3	80.043	ZnO	81.38
$KAl(SO_4)_2 \cdot 12H_2O$	474.38	$(NH_4)_2HPO_4$	132.06	ZnS	97.44
KBr	119.00	$(NH_4)_2PO_4 \cdot 12MoO_3$	1 876.3	$ZnSO_4$	151.44
$K_3Fe(CN)_6$	329.25	$(NH_4)_8S$	68.14	$ZnSO_4 \cdot 7H_2O$	287.54
$K_4Fe(CN)_4$	368.35	$(NH_4)_2SO_4$	132.13	NiS	90.75
$KFe(SO_4)_2 \cdot 12H_2O$	503.24	NH_4VO_3	116.98	PbC_2O_4	295.22
$KHC_2O_4 \cdot H_2O$	146.14	Na_3AsO_3	191.89	$PbCl_2$	278.10
$KHC_2O_4 \cdot H_2C_2O_4 \cdot 2H_2O$	254.19	$Na_2B_4O_7$	202.22	$PbCrO_4$	323.20
$KHC_4H_4O_3$	188.18	$Na_2B_4O_7 \cdot 10H_2O$	381.37	PbI_2	451.00
$KHSO_4$	136.16	$NaBiO_3$	279.97	$Pb(NO_3)_2$	331.20
KI	166.00	$NaCN$	49.007	PbO	223.20
KIO_3	214.00	$NaSCN$	81.07	PbO_2	239.20
$KIO_3 \cdot HIO_3$	389.91	$NaHCO_3$	84.007	$SbCl_3$	228.11
$KMnO_4$	158.03	$Na_2HPO_4 \cdot 12H_2O$	358.14	Sb_2O_3	291.50
$KNaC_4H_4O_6 \cdot 4H_2O$	282.22	$Na_2H_2Y \cdot 2H_2O$	372.24	Sb_2S_3	339.68
KNO_3	101.10	$NaNO_2$	68.995	SO_2	64.06
KNO_2	85.104	$NaNO_3$	84.995	SiO_2	60.084
K_2O	94.196	Na_2O	61.979	SiF_4	104.08
KOH	56.106	Na_2O_2	77.978		

参考文献

[1] 高红武,周清. 应用化学[M]. 北京:中国环境科学出版社,2005.
[2] 辛述元. 无机及分析化学实验[M]. 北京:化学工业出版社,2005.
[3] 辛剑,孟长功. 基础化学实验[M]. 北京:高等教育出版社,2004.
[4] 崔学桂,张晓丽. 基础化学实验(Ⅰ):无机及分析化学部分[M]. 北京:化学工业出版社,2003.
[5] 王建梅,刘晓薇. 化学实验基础[M]. 北京:化学工业出版社,2002.
[6] 高职高专化学教材编写组. 无机化学实验[M]. 北京:高等教育出版社,2002.
[7] 高职高专化学教材编写组. 分析化学实验[M]. 北京:高等教育出版社,2002.
[8] 高职高专化学教材编写组. 有机化学实验[M]. 北京:高等教育出版社,1994.
[9] 金谷,江万权,周俊英. 定量分析化学实验[M]. 合肥:中国科学技术大学出版社,2005.
[10] 刘秉涛. 工科大学化学实验[M]. 哈尔滨:哈尔滨工业大学出版社,2006.
[11] 丁敬敏. 化学实验技术(Ⅰ)[M]. 北京:化学工业出版社,2002.
[12] 刘宝殿. 化学合成实验[M]. 北京:高等教育出版社,2005.
[13] 刘珍. 化验员读本:上册:化学分析[M]. 4 版. 北京:化学工业出版社,2003.
[14] 刘珍. 化验员读本:下册:仪器分析[M]. 4 版. 北京:化学工业出版社,2003.
[14] 初玉霞. 化学实验技术基础[M]. 北京:化学工业出版社,2002.
[15] 初玉霞. 有机化学实验[M]. 北京:化学工业出版社,2002.
[16] 夏玉宇. 化验员实用手册[M]. 北京:化学工业出版社,1999.
[17] 张铁垣,程泉寿,张仕斌. 化验员手册[M]. 2 版. 北京:中国电力出版社,1996.
[18] 曾昭琼. 有机化学实验[M]. 3 版. 北京:高等教育出版社,2000.
[19] 全国化学标准化技术委员会化学试剂分技术委员会. 化学试剂 标准滴定溶液的制备:GB/T 601—2016 [S]. 北京:中国标准出版社,2017:5.
[20] 周其镇,方国女,樊行雪. 大学基础化学实验(Ⅰ)[M]. 北京:化学工业出版社,2000.
[21] 奚关根,赵长宏,赵中德,等. 有机化学实验[M]. 上海:华东理工大学出版社,1995.
[22] 黄荣斌. 工科分析化学实验[M]. 北京:高等教育出版社,2020.
[23] 全国铁矿石与直接还原铁标准化技术委员会. 铁矿石 全铁含量的测定 三氯化钛还原法:GB/T 6730. 5—2022 [S]. 北京:中国标准出版社,2022.
[24] 杜重麟,高红武. 应用化学[M]. 3 版. 北京:冶金工业出版社,2023.
[25] 陈海燕,栾崇林,陈燕舞. 化学分析[M]. 北京:化学工业出版社,2018.
[26] 高职高专化学教材编写组. 分析化学[M]. 北京:高等教育出版社,2014.
[27] 武汉大学. 分析化学:上册[M]. 6 版. 北京:高等教育出版社,2016.